四极探险

北极探险

张文敬 ◆ 著

U0210322

希望出版社

四极探险

目 录

BEIJI TANXIAN

楔　子

 XIEZI

　　继数十次赴青藏高原和西部的高山、河源之地，比如天山、喀喇昆仑山、昆仑山、祁连山、唐古拉山、念青唐古拉山、喜马拉雅山、横断山、长江之源、怒江之源、雅鲁藏布江之源、雅鲁藏布大峡谷、珠穆朗玛峰、希夏邦马峰、托木尔峰、南迦巴瓦峰科学考察之后，我一直希望有机会能赴南极、北极考察。

　　作为一名科学工作者，如果说在 20 世纪 80 年代以前想走出国门，尤其是去南极、北极进行科学考察或许是不切实际的奢望，随着改革开放政策的推行和实施，以前的奢望便可以成为现实。

　　20 世纪 70 年代初期，我从大学毕业，便进入中国科学院兰州冰川冰土研究所这个科学研究的"国家队"，从事冰川与环境研究，尤其是可以漫步在"世界屋脊"青藏高原和西部人迹罕至的极高山地，从事自己心仪的科学考察研究，当时我感到自己是世界上最最幸福的人。改革开放之后，作为一名冰川与环境工作者，我的目光自然而然地就从我国的青藏高原、西部高原高山移向了南极和北极，因为那里有地球上最浩瀚的冰雪世界。

　　后来，我如愿到了南极，以满腔的热忱扑向了冰冷的南极大陆冰盖，一次一次又一次，当我第 4 次考察归来后，欣然撰写了有关南极冰川的研究论文，出版了《南极科考纪行》的科普图书。

不过还有北极，我还希望到北极——传说中北极仙翁居住的地方去一看究竟呢！

2002 年春末的一天，我正在西藏日喀则下乡途中，手机响了，电话那头是北京，是时任中国科学探险协会常务副主席、好朋友高登义教授。我那时正在西藏自治区发改委任职，分管当地经济发展、生态环境保护、山地灾害治理、小康社会建设指标体系的建立等工作，为了掌握和了解第一手资料，我经常下乡到条件颇为艰苦的第一线做调查研究。

接到高教授的电话我十分高兴，因为我知道也许又会有科学探险考察的好消息了。1977—1978 年新疆天山最高峰托木尔峰登山科学考察，1980 年珠穆朗玛峰之行、科教片《中国冰川》野外拍摄，1982—1984 年南迦巴瓦峰登山科学考察，1998 年举世瞩目的雅鲁藏布大峡谷无人区徒步穿越科学探险考察等有影响的科学探险考察，我和高教授都是队友。我们一起涉险过激流，一起缺氧翻越高山，一起住牦牛帐篷，一起吃酥油糌粑，一起被冻成"冰疙瘩"，一起被淋成"落汤鸡"……多年的友谊让我们有一种高度默契的感觉。果然，老高告诉我，夏末秋初中国科学探险协会将要组织一次北极科学考察，首次以中国人的名义在北极地区建立科学考察研究站，问我是否有意参加。

我听后高兴得差点跳起来。这么好的事哪有不愿意的呢？同行的西藏发改委国土所副所长米玛平措知道这一消息后，除了为我高兴之外，还向我要求说："张主任，古吉古吉，能否也带上我？""古吉古吉"，藏语的意思为"求求您"。我说可以考虑，但是要向中国科学探险协会要求增加此次参加科学考察的名额，还要向西藏自治区发改委申请，得到批准后才能确定。要是申请得不到批准，我也一样无法参加此次活动。

随后我向西藏自治区发改委领导提出前往北极科考的申请，刚好去北极的时段正是我休假的时间，丝毫不会影响正常工作，于是主管领导便同意了我的请求。我的北极科考梦想终于实现了。

在我的要求下，高登义教授同意我带两名助手同赴北极进行科学探险考察。西藏自治区发改委国土所副所长米玛平措如愿以偿。还有一名助手是我的女儿张怡华，她是学习计算机专业的硕士生，可以协助我处理北极科考中的观测资料。

出发在北京

CHUFA ZAI BEIJING

南极考察的最佳时间是南半球的夏天，也就是北半球的冬季；而北极考察的最佳时间也是夏季。因为在地球的两极地区，只有夏季才是白天，要是冬季就只能与漫漫极地长夜做伴啦。

我们此次北极探险考察定在7月底从北京出发，9月初返回。我于7月19日离开拉萨，21日又从成都飞往北京。

23日清晨，北京上空万里无云，盛夏的阳光灼烤着大地，熙熙攘攘的人群和川流不息的车辆充斥着首都的大街小巷。

北极考察壮行会定在23日上午10点召开，地点在新落成的中国科技馆一楼会议厅。当我进入会场时，会议大厅早已济济一堂，老朋友纷纷站起来和我打招呼，高教授此时已经坐在主席台上，和他一起就座的有我熟悉的中国科学探险协会主席、著名科学家刘东生院士，著名登山家王富洲先生，火山环境专家刘嘉麒院士。

刘东生院士是著名的黄土专家，他的中国黄土高原"风成说"，奠定了他在国际第四纪科学研究领域的泰斗级地位。

王富洲先生是我国首次从北坡成功登上珠穆朗玛峰的国家级登山家。他和刘东生都是我国现代科学探险事业的创始人、奠基者。王富洲最先提出应该成立一个科学考察和登山探险相结合的协会，以适应我国改革开放后蓬勃发展的科学探险事业。王富洲的提议得到了刘东生、孙鸿烈、杨逸畴、高登义等一大批著名科学家、探险家的支持和响应。正是在这种背景下，中国科学探险协会于1989年1月21日在北京成立。

时任中国科学探险协会常务副主席的高登义教授，也是此次北极科考队的队长，他在壮行会上详细地介绍了此次科学考察的意义、日程安排和人员组成，然后就是隆重的授旗仪式。

之后，高登义教授还详细地介绍了这次科学探险考察研究的主要课题内容。

科学考察的研究课题——北极斯瓦尔巴地区与青藏高原生态环境的对比研究，其中包括：斯瓦尔巴地区全新世湖泊气候环境记录研究；斯瓦尔巴地区冰川消融与气温变化的关系；斯瓦尔巴地区大气边界层结构及冰气之间的热量、动能和物质交换研究；斯瓦尔巴地区与青藏高原辐射平衡特征对比研究；斯瓦尔巴地区与青藏高原植物区系对比研究；北大西洋暖流对斯瓦尔巴地区气候环境的影响，雅鲁藏布大峡谷水汽通道对青藏高原东南部气候环境影响的对比研究。

以上研究课题都是经过刘东生院士、孙鸿烈院士、叶笃正院士等科学大师参与设计并论证过的，在这次考察中将由我们各个专业的科研人员来具体实施。

这次科学探险考察是在新疆伊力特实业股份有限公司（以下简称"新疆伊力特"）和湖南伊力特·沐林现代食品有限公司（以下简称"湖南沐林"）的赞助下，由大气、冰川、地质、植物等专业人员组成，包括媒体在内，共有33名队员参加。人员包括：

队长 高登义

队员 大气专业：高登义　陆龙骅　邹捍　朱彤　王维　罗卫东　冯克宏　刘宇

地质专业：刘嘉麒　储国强

植物专业：吴素功　杨永平

冰川专业：张文敬　米玛平措　张怡华（女）

后勤保障兼副队长：陶宝祥

企业代表：周荣祖（新疆伊力特副总）　颜卫彬（湖南沐林副总）

媒体　人民日报：李仁臣　杨健

中央电视台：武伟　庚卫东　江帆　白皓　仲伟林　孙树文（女）

湖南经济电视台：聂梅（女）　辛艳（女）　倪健新

北京青年报：孙丹平

天津日报：马建龙

广州信息时报：黎宇宇　肖柏青

新疆伊力特副总经理周荣祖先生是甘肃天水人，我在甘肃学习、工作了将近 30 年，对他那地道的天水口音感到既熟悉又亲切。他所代表的新疆伊力特公司我不甚了解，可是早在 20 世纪七八十年代我去新疆天山考察时就知道新疆最好的酒是伊犁大曲，挺好喝的。周总告诉我，如今的伊犁大曲经过技术改造已成为"伊力特"系列酒了，具有四川五粮液的风味。还说如果有机会到新疆的话，他一定会用最好的伊力特酒招待大家。后来，有朋友从阿里给我带了几瓶用铁皮包装的"伊力王"，我一直舍不得喝，一是年纪大了不能多喝，再就是为了感谢伊力特实业股份有限公司对我们北极科学考察的大力支持，特意留作纪念。

此外，香港地区科学探险家李乐诗女士将带领十几名香港学生一起参与此次考察。

壮行会结束时，副队长陶宝祥宣布：考察队的出发时间为 7 月 25 日 12 时 10 分，乘坐芬兰航空公司飞机，先后经蒙古、俄罗斯、芬兰和挪威等国家上空，7 月 27 日抵达考察目的地——位于北冰洋中斯瓦尔巴群岛的朗伊尔城。

此次考察将要正式在北极的朗伊尔城挂牌建站。我来自西藏，作为中国科学院成都山地灾害与环境研究所研究员，研究的对象又是冰川与环境，此行的研究课题"北极斯瓦尔巴地区与青藏高原生态环境的对比研究"，正合我意。

我们在斯瓦尔巴群岛上的朗伊尔城以及周边地区的考察，将要进行 40 天左右。

7 月 25 日中午 12 时 10 分，中国伊力特·沐林北极科学考察队队员乘坐芬兰民航大型客机从北京首都机场起飞，经过 10 个小时的飞行，于当地时间 25 日下午 3 时（北京时间晚上 8 时）抵达芬兰首都赫尔辛基。在赫尔辛基，从美国飞来归队参加此次北极考察的植物学家吴素功教授和先到的人民日报高级记者李仁臣先生也与我们大部队汇合。

吴素功教授是我的老朋友了，早在 20 世纪 70 年代的青藏高原自然资源综合科学考察时就认识了。此人身材高大，气宇轩昂，对人热情豪放，工作吃苦耐劳，认真负责。李仁臣先生更是一表人才，风度儒雅。高队长介绍说李先生是人民日报资深高级记者，曾任人民日报副总编，他的采访水平非常高，能在看似不起眼的信息中找到极具新闻价值的主题。稍事休息后，我们又乘机飞行了约一个半小时，最后平安到达挪威首都奥斯陆，下榻彩虹宾馆。

彩虹宾馆真是名不虚传，只要雨后天晴，站在宾馆的窗前或晾台上就可以看到空中折射出一道美丽的彩虹。

位于奥斯陆市中心的彩虹宾馆不算高档，更谈不上豪华，但是地理位置好，出行十分方便。如果想吃中国菜，沿对面街道步行 5 分钟就可以到唐人街，那里有地道的中国餐馆。著名的雕塑公园距离宾馆也很近，步行十来分钟就可以到。我们宁肯不吃中国餐，也不想放过一睹世界著名雕塑大师杰作的机会。

市内便捷的有轨电车和公交大巴，给人们的出行带来极大的方便。但是我却喜欢步行，一是看得仔细，再就是多年的野外考察习惯，下意识地就想迈开双腿。

位于奥斯陆市中心的雕塑公园，让我感到十分震撼！这是一个世界级的大型露天人体雕像博物馆。雕像大致可分为四大部分：一是生命之桥，二是生命之泉，三是生命之根，四是生命之轮。雕像所展现的全是裸体人像，有老有小，有男有女，主题思想就是生命、人生和人性。人体雕像看起来栩栩如生，形象逼真。无论是少女的绰约美丽还是孩子的天真活泼，抑或是大人的发狂发怒，都刻画得细致入微，十分到位。

奥斯陆雕塑公园的雕塑人体群像，是挪威近代伟大的雕塑艺术大师维格朗竭尽毕生精力创造的艺术奇葩。

在奥斯陆，我们已经隐约地感觉到北极的味道了：晚上 12 点天色还未完全变黑，早上 3 点半天色已亮。

挪威首都奥斯陆雕塑公园里的人体雕塑

昨夜下了一阵小雨，夜里睡得格外香甜。这是因为空气湿度大的地方，会有更多的负氧离子，负氧离子含量越丰富，对人体的心肺功能尤其是睡眠都有很好的促进作用。早上睡意未消就被叫醒，我们要继续乘飞机前往挪威最北端的城市特朗瑟，到那里后再转乘小飞机飞往北极斯瓦尔巴群岛的朗伊尔城。

　　从奥斯陆彩虹宾馆前往机场的路在起伏的牧场和森林之间蜿蜒穿过。牧草葱绿，而且很整齐，像经过人工修剪过的；森林虽然不是很高大，树种也比较单一，多是松、桦一类的乔木，但是树形很美，极像公园里人工栽培的一样。

　　北欧的地形地势总体来说比较平缓，切割不太剧烈，山体不像中国西部那样高大陡峭，山高谷深。位于挪威中南部的斯堪的纳维亚山脉，主峰海拔仅 2470 米，而这个高度在我国的西藏那就只能够放到"西藏的江南"林芝市的地平面以下了。林芝市的海拔高度为 2900 米，那里绿树成荫，百花盛开，气候适宜，是适合人类居住的地方。无论芬兰还是挪威，从飞机上鸟瞰，森林、牧场和农田起伏连绵，总是绿绿的、柔柔的，像一幅无垠的图画；空气是那么清晰，看什么都是一目了然，似乎从飞机上就能看清楚地面上的一草一木。欧洲的工业革命给世界文明带来跨越式发展，同时也造成了人类有史以来大规模的环境污染。然而，欧洲等西方先进国家用他们最早赚到的大量财富整治自己的环境，美化家园，净化空气，而别的地方却背负着环境污染的沉重包袱。

　　在第四纪冰期，北半球北部曾经至少有三次被厚厚的冰盖冰川覆盖过。到了距今 12000 年前，地球气候开始变暖，包括极地在内的冰川大规模后退变薄，亚洲北部、美洲北部和北欧的冰盖纷纷解体融化，露出了起起伏伏、广阔无垠的"冰川迹地"，这些冰川石碛地经过漫长的风化演替，最终变成了肥沃的土地，于是在这里生物圈代替了冰冻圈，大面积的森林植被发育生长，随后人类也逐渐进入这些地区。正是那时地球的变暖，奠定了目前地球的地貌和气候格局。

我国西部是高山、极高山山岳冰川分布发育的地区，U形谷地貌景观比比皆是。而北欧这些古冰盖曾经发育的地区，一旦冰川退去，显露出来的地貌景观一般都是波状起伏，绵延不断，其中当然会有众多的古冰川U形谷和数以万计的冰蚀洼地湖盆。不过，许多洼地湖盆已被冰水切穿形成外流流域。在近海地区则形成古冰川峡湾，鲸背岩和磨光面到处可见。长度达1700千米、宽度达200～600千米的斯堪的纳维亚山脉，纵贯斯堪的纳维亚半岛，其主峰格利特峰海拔2470米。在第四纪冰期，这一纵贯山脉及高峰曾被冰川冰盖大面积覆盖，冰川末端直接抵达西边的挪威海和东面的波的尼亚湾，在这里留下了非常丰富的第四纪古冰川遗迹。其中不少古冰川U

严重退化的北极山地冰川景象

马格达莱峡湾的鲸背岩群

形谷位于海湾的出口，正是现在许多天然港口的所在地；许多古冰川跌水和高位湖盆地形，正是不少水利设施的最佳选择地。在飞往特朗瑟的飞机上，透过舷窗，不仅可以看到镶嵌在大片大片的林地和农田之间数以百计的古冰川湖泊，还可以看见在斯堪的纳维亚山脉上一些冰川在阳光下闪耀着诱人的银光。

挪威将近一半的国土面积是在北极圈以内，和它毗邻的瑞典、芬兰，都位于斯堪的纳维亚半岛。由于地处北极圈的格陵兰岛是属于丹麦的"飞地"，瑞典和芬兰也有相当部分领土位于北极圈内，因此挪威、瑞典、丹麦和芬兰这四个国家同属于北极国家。

要了解北极的历史、现状和将来的演替变化，对北极圈所有地域的研究都不可缺少，当然也包括对这四国地处北极圈内区域的研究。可惜计划已定，时间有限，我们不可能对这里的冰川和古冰川环境进行详细的科学考察。

习惯上都说北欧四国，其实准确地讲应该是北欧五国，因为在挪威以西的大西洋中还有一个冰岛共和国，它的领土最北端直抵北极圈，一些岛屿就位于北极圈内。在我第二次赴北极科学探险考察时还考察过冰岛的火山地貌、间歇喷泉、温泉、黄金大瀑布以及著名的大西洋欧美洲际大裂缝。

特朗瑟地处挪威北端，纬度 70 多度，已经深入北极圈（北纬 66°34'）以北的地方了。机场四周的森林稀疏矮小，分布较多的则是苔原植物。

在特朗瑟停留了 40 分钟，之后我们换乘小型飞机，机上客人不多，主要是中国北极考察队队员。我们飞行在北冰洋上空，只见海天一色，天蓝蓝，海蓝蓝，天上云淡雾轻，海面波澜不惊。北极地区基本上没有对流云层，也就没有或很少有疾风暴雨的极端天气。北冰洋是四大洋中最为平静的大洋，很少有巨浪滔天、波涛汹涌的时候。这是因为北冰洋四周被陆地环绕，又有格陵兰岛、斯瓦尔巴群岛、法兰士约瑟夫地群岛，以及帕里群岛、埃尔斯米

北极美丽的冰川和 U 形谷

北极苔原

尔岛等环列其中，再加上有相当部分的洋面常年被海冰所覆盖，尤其是冬季，海冰覆盖面积达到 80% 以上，所以在北冰洋的大部分区域，很少能见到巨浪翻滚的景象。这与南极周围的南极海，比如地处乌斯怀亚和南极半岛之间的德雷克海峡的滔天巨浪形成鲜明的对照。

当地时间下午两点半，我们终于安全到达北极斯瓦尔巴群岛南部的朗伊尔城机场。

几经辗转，我终于来到了梦寐以求的冰冻王国——北极。

冰天雪地的北极

为了研究方便，科学家将地球表面划分为若干经度和纬度，东西方向的叫纬度，南北方向的叫经度。南北极点是经度在地球南北半球地表的交汇点，也是地球南北纬度90°的所在点。

除了南北两极的极点，科学家还将纬度66°34'定为地球的极圈，南纬66°34'为南极圈，北纬66°34'为北极圈。根据此定义，南纬66°34'以南的地域为南极地区，北纬66°34'以北的地域为北极地区。地球南极地区以大陆为主，这个大陆就是南极洲。地球北极地区以海洋为主，这个海洋就是北冰洋。十分有意思的是，南极洲的面积和北冰洋的面积竟然相差无几：南极洲面积为1400余万平方千米，而北冰洋的面积为1321万平方千米。南极大陆平均海拔为2300米，而北冰洋的平均深度为1225米。

北极地区包括北冰洋和北极圈以北的北美、北欧和亚洲北部大陆以及北冰洋中的诸多岛屿。北极地区面积为2100余万平方千米，其中陆地面积近800万平方千米。与北极有地缘关系的国家一共有8个，分别是俄罗斯、挪威、丹麦、瑞典、芬兰、冰岛、加拿大和美国。北极和南极的差别表现为：南极虽以陆地为主，却是真正的冰雪王国，没有永久的人类居住，没有陆地动物，尤其没有大型陆地动物生活，没有任何乔本植物生长；而北极虽以海洋为主，但是在北极圈以内目前有大约1000万人永久居住，更有北极熊、北极狐、北极狼、驯鹿等许多大型陆地野生动物生活在那里，还有大片大片的泰加林分布。在北纬80° 左右的岛屿上还有大量的雪绒花、点地梅和莎草，以及苔藓、地衣顽强地生长。至于北冰洋中的海洋动物资源更是多得无法穷尽，海狮、海豹、海象和鲸鱼以及鱼类的数量堪与南极媲美。

北极狐

北极熊

北极驯鹿

北冰洋中的海豹

北极雪绒花

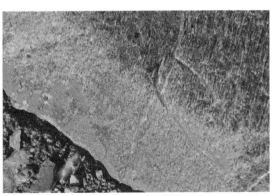

北极北纬80°地区的红色地衣

人类对自身的称谓有多种多样。如果以皮肤而言，世界上有四大人种：黄色人种、白色人种、黑色人种和棕色人种。如果按地域来分，那么就有亚洲人、非洲人、美洲人、欧洲人等。除此之外，还有一种特殊的人群，那就是北极人。

也许有人会问，既然有北极人，那么也应该有"南极人"吧。

的确有"南极人"一说，不过，这里的"南极人"和北极人不一样，因为"南极人"并非永久居住在南极的土著人，无论哪个国家、哪个民族，只要到过南极的人，都可以称之为"南极人"。"南极人"只是一种文化概念上的称谓，并不是真正的具有某些人种学基因联系的族群。

而北极人却是具有严格的地域概念，有密切关联的族群基础和一定遗传基因的人类群体。

自从地球上有人类活动以来，北极地区就应该有人类居住。

目前，北极地区的永久性居民接近 1000 万人，包括 20 多个土著民族，他们分别居住在亚洲、欧洲、北美洲伸进北极圈内的陆地上以及北极圈以内的主要岛屿上。

生活在北极圈内最北端的人，是居住在格陵兰岛北部的极地因纽特人，其纬度已经到了北纬 79° 以北的地区。

和其他北极土著民族一样，因纽特人也有自己的语言和文字，他们用拉丁字母和斯拉夫字母拼写自己的文字；同时因为他们分属北极地区不同的国家，他们的语言和文字又受到所在国家的影响。比如生活在加拿大北部的因纽特人，不仅有自己的语言，他们也讲英语。生活在格陵兰岛上的

北极穆萨姆纳岛上的小木屋

部分因纽特人，也会讲丹麦语。

不过按照现在的标准，北极人应该包括长期生活居住和工作在北极圈内的非土著民族。随着北极地域科学研究的发展和旅游休闲度假业的开发，进入北极地区的人群也越来越多。如果按照"南极人"的定义，连我这个只到过北极三次、在北极前后居住过大约半年时间的中国人也可以算作"北极人"了。

北极爱斯基摩狗

北极的土著民族长期以来与冰雪为伴，练就了一套与冰雪严寒打交道的过硬本领，积累了在极端条件下生存的丰富经验。他们以渔猎为生，丰富的鱼类和驯鹿等高脂肪、高蛋白的肉类食物，不仅能保证他们体魄健壮，而且为这些北极人抗御严寒风霜提供了大量的热能；北极熊、海豹和驯鹿的皮毛是北极人最佳的御寒保暖材料，把它们铺在用冰雪或者用石块、木头建成的房屋内，无论是漫漫的冬夜，还是冰天雪地的夏天，都不愁风霜侵体；大量的动物脂肪除了食用之外，还能照明取暖。由于长期的驯化，驯鹿和爱斯基摩狗还可以用来拉雪橇车。雪橇车是北极人须臾不离的运输工具。

随着现代科学技术和信息革命的发展，曾经处于封闭状态的北极土著人也享受着现代文明的成果，他们的生活状况有了划时代的改善。许多地区的土著人已经告别了以渔猎为主的生存方式，敞开冰雪房屋的大门，迎接着八方来客，方兴未艾的北极旅游业为北极人在晶莹剔透的冰雪上铺就了一条灿烂辉煌的现代文明之路。

北极的土著人绝大部分属于黄色人种，其中的因纽特人和亚洲人在人种学上有很多共同之处。

根据冰川研究来看，距今 12000 年前，地球正处于末次冰期，当时的气候比现在要寒冷得多，地球的平均气温要比现在低 3～6℃，位于亚洲东北端和北美洲西北端之间的白令海峡处于冰冻状态。人们可以通过封冻的白令海峡从亚洲北部一带迁徙到北美洲，之后有的去了北极，发展成今天的因纽特人；大多数则留在美洲，发展成后来的印第安人。由此可以看出，不仅北极的因纽特人是亚洲人的后裔，美洲的土著民族印第安人也属于亚洲人的后裔。

所以说，尽管北极地区到处都是茫茫无际的冰雪，还有被冰雪封冻的北冰洋，但这里早就是人类生存的地方之一。

北冰洋是地球上四大洋中面积最小、平均水深最浅的大洋，水域面积仅占地球大洋总面积的 4.1%，海水容积为 1807 万立方千米，平均水深 1225 米。最大水深位于格陵兰岛东北部，为 5527 米。北冰洋是地球上唯一的几乎被海冰完全封闭的大洋：每年的冬季 3 个月期间，海冰冻结面积可达 77.3%，大约为 1021 万平方千米；即使是夏季的 7 月，北冰洋的海冰面积也达到了 700 万平方千米，约占总面积的 53.0%。北冰洋海冰的平均厚度为 3 米，其中以北极点为中心的中央部分的海冰在北冰洋上已然存在了 300 万年左右了，属于地球上终年不化的最古老的"化石海冰"。

根据北冰洋不同地形的差异，除了中心海域，又将相关海域划为 8 个附属海区，它们分别是：位于挪威西北部的挪威海，位于格陵兰岛东岸的格陵兰海，位于挪威和俄罗斯北岸的巴伦支海，以及俄罗斯北岸的喀拉海、拉普捷夫海、东西伯利亚海和楚科奇海，还有位于阿拉斯加北海岸的波弗特海。

北极地区的矿产资源十分丰富，煤炭的蕴藏量占全世界的 9%；石油储量则多达 900 亿吨！还有大量的天然气、金刚石、金、铀、铜、铁、银、大理石、石膏、云母……

从北极出发，很容易到达亚洲、欧洲和北美洲。尤其是近年来地球气候变暖，亚、欧、美三大洲之间的北冰洋水路航道封冻时段越来越短，北极和北冰洋国际战略地位的重要性就更加显著。

北极不仅是鸟瞰北半球欧、亚、美洲和北太平洋以及北大西洋的制高点，而且是连接上述地区的咽喉要地，理所当然地成为当今国际战略博弈的热点地区之一。

对于南极，1961 年经过有关国家的协商已达成《南极条约》，《南极条约》规定，世界上任何国家不得对南极拥有资源和主权的主张。在北极地区，所有的陆地都有领土的归属，倒是北冰洋的权益目前只有《联合国海洋法公约》可作为参考的依据，因此在未来的发展进程中还存在着许多不确定的因素。

自 1909 年美国探险家皮尔里向全世界宣称是他第一个踏上北极点以来，北极就不断地受到各国政府和民间团体的热切关注。早在 20 世纪 50 年代，加拿大政府就率先宣布对北极享有领土领海主权。1983 年，美国总统里根

北极午夜风光

签署了《美国北极政策》议案，强调"美国在北极地区有着独特的关键性利益"，还认为"北极直接关系到美国的国家安全、资源及能源开发、科学调查和环境保护"。丹麦也曾提出北极海底山脉是格陵兰岛（格陵兰岛为丹麦所属）海脊的自然延伸，丹麦对该区域拥有无可置疑的开发权。俄罗斯则一再重申包括北极点在内的半个北冰洋都是俄罗斯西伯利亚大陆架向北的自然延伸。2007年8月2日，俄罗斯科学考察队分乘"和平一号"和"和平二号"深海潜水器从北极点成功下潜至4200多米深的北冰洋海底，在那里插上了一面一米高的用钛合金制造的俄罗斯国旗，俄罗斯科考队长、著名的北极专家奇林加诺夫公开宣称说"北极是属于俄罗斯的"。时任俄罗斯总理普京还亲自为下潜插旗的科考队员颁奖授勋。俄罗斯高级官员还声称俄罗斯已经取得了对北极的北冰洋相关领海要求的足够证据。对于俄罗斯咄咄逼人的言行，加拿大、挪威、丹麦等国家都表示强烈反对，而美国和丹麦则相继派出了特别考察队前往北极考察，加拿大宣布将要在北极建立两个军事基地。

实际上，从来没有任何国家对北极的北冰洋海域进行过主权性的有效控制，所以北极地区尤其是北冰洋并不属于环北极的8个国家，它应该属于全世界，它的资源、地域、科学价值都属于全人类，它的公有地位和南极一样应该得到世界各国政府和人民的承认和尊重。

中国人真正参与北极相关事务，则是20多年以来的事情。

北极和南极在国际关系上有太多的不一样，南极大陆以及周围海域、相关岛屿在《南极条约》保障下，暂时还无领土归属和资源开发等问题的纷争；而北极地区的陆地部分基本上都是名花有主，但是北极的海域也就是北冰洋却有许多不确定的因素。按照相关的区域性国际惯例，凡是非北极国家如果要想到北极考察，最好是以一个国家的政府或者相应的部门加入国际北极科学委员会为前提条件，然后就可以通过相关国家的使馆办理赴北极科学考察的签证等事宜。

在北极考察途中

　　说起中国加入国际北极科学委员会的事情，还要追溯到 1991 年。当时著名的大气物理学家高登义教授应挪威卑尔根大学 Y·叶新的邀请，在中国国家南极考察委员会办公室资助下，参加了由挪威、俄罗斯、冰岛和中国组成的北极科学考察，对北极斯瓦尔巴群岛及其附近海域进行了有关冰川、海洋、大气与环境等方面的综合性科学研究。1993 年由中国科学院与美国阿拉斯加北坡自治区签订了《北极科学考察研究合作协议》，据此协议，高登义、张青松、竺菁等先后赴阿拉斯加参加有关大气、地学和生物学方面的合作研究。在此基础上，1995 年中国科学院派出以秦大河为首的 6 人科学代表团（团员有高登义、张青松、刘健、刘小汉、赵进平）参加在美国汉诺威举行的国际北极科学委员会会议，在会上就中国科学家加入该组织进行了答辩。鉴于中国科学家在北极已经有了 3 年以上的科学考察研究的历史和相应的研究论文、著作，符合北极科学委员会入会的条件，于是大会同意中国科学家以中国科学院的名义加入国际北极科学委员会。1996 年 4 月，中国政府派出了以国家南极考察委员会办公室主任陈立奇和秦大河为首的代表团，出席了在德国不来梅召开的国际北极科学委员会，从此中国成为该组织的正式成员。

国际北极科学委员会是一个有关北极的非官方的科学考察研究协调组织，于1990年8月28日由环北极国家加拿大、美国、挪威、苏联、芬兰、瑞典、丹麦和冰岛等8个国家在加拿大北极圈内的雷索柳特湾成立，先后接纳了包括中国在内的9个非北极国家加入（另外8个国家为法国、德国、意大利、日本、荷兰、波兰、瑞士和英国），现在已经有17个国家成为该组织的成员国。

国际北极科学委员会的常设办事机构在挪威首都奥斯陆。

此次中国伊力特·沐林北极科学考察队赴北极考察需要经过芬兰、瑞典和挪威等国家，而考察的最终目的地斯瓦尔巴群岛则属于挪威在北极的管辖属地，因此所有队员的入境签证必须到挪威驻中国大使馆办理。而挪威驻中国大使馆从大使到专员都和高登义教授是朋友，在挪威驻华大使馆文化专员园梅园（中文名字）的帮助下，所有队员的护照和签证终于在我们出发的头一天，即2002年7月24日下午1点送到了我们的手中。园梅园是一个热心于中挪文化交流的友好人士，说得一口标准流利的普通话，在北京和奥斯陆都有固定的住所，从大使馆任职退下来以后，长年奔波在中国和挪威之间。按照她的话说，她要将她的一百来斤（指体重）完全消耗在中国与挪威两国的友好关系发展中。

朗伊尔城

从机场到朗伊尔城乘汽车只需半个小时，中国科学家的老朋友叶新教授亲自开车来接我们。

准确地讲，叶新是高登义教授的老朋友，也是我未曾见过面的老朋友。

高先生和他的交往，可以追溯到 20 世纪 90 年代初。

叶新是挪威卑尔根大学地球物理研究所气象学和冰川学的教授，多次赴南极和北极考察。在高登义教授的安排下，叶新曾多次到我国西藏的珠穆朗玛峰地区考察。1990 年 12 月，受叶新教授的邀请，高登义教授参加了 1991 年夏天由挪威、苏联、冰岛和中国科学家参加的北极国际合作科学考察；1993 年，高登义教授又邀请叶新参加我国珠穆朗玛峰地区的科学考察，并请我担任考察队队长。由于当时我正负责西藏东南部中国和日本联合冰川灾害与环境科学考察，抽不开身，于是我便推荐大学同学秦大河出任珠穆朗玛峰地区中挪考察队队长。那次考察秦大河上到海拔 5000 多米，因为严重的高山反应被迫下撤。后来秦大河赴北极考察，也是受叶新教授的邀请才得以成行的。

在朗伊尔城机场与叶新教授见面时，经高教授介绍后，我特意谈到当年珠穆朗玛峰考察时与他失之交臂的事，叶新激动得和我热烈拥抱。我开玩笑地说：要是当年我们在珠峰合作了，我一定早就圆了北极梦。

我、高登义和叶新都有相似的经历，我们三个人先后都参加过日本南极考察：高先生是 1984 年参加了日本第 26 次南极地域调查队的大气物理科学家；我是 1987 年参加了日本第 29 次南极地域调查队的冰川与环境研究学者；而叶新则是 1988 年参加了日本第 30 次南极地域调查队的大气与冰川环境的挪威教授。所以我和叶新教授一见如故，彼此有说不完的话题。

我们被安排在朗伊尔城南郊的新城宾馆，这是挪威一家煤矿公司的宾馆。在此次考察期间，我们将以此地作为中国伊力特·沐林北极科学探险考察队建站考察、工作和生活的基地。

朗伊尔城位于北冰洋中斯瓦尔巴群岛的主岛中部，纬度为北纬 78.13°，是地球最北端的有人

作者在朗伊尔城新城宾馆前

居住的城镇。历史上，这里属于无人区，1906 年，美国波士顿北极煤矿公司被这里丰富的煤矿资源所吸引，在这里建井开矿。由于煤矿公司的老板名字叫约翰·朗伊尔，此地因此而得名。

在挪威语里，斯瓦尔巴意思是"寒冷的海岸"。斯瓦尔巴群岛是一个深入北冰洋中非常偏僻的冰雪群岛。在气候寒冷的时候，群岛曾被海冰封闭在茫茫的北冰洋中。现在除了冬季，海冰都被波光粼粼的北冰洋海水所取代，一年中大部分时间都可以乘坐各种船只进入群岛的峡湾，万吨级的货运船可以直接开进朗伊尔城的码头，将这里的煤炭运往世界各地。

1615 年，当时丹麦与挪威联盟，国王声明说，他们发现了斯瓦尔巴群岛，还派了几艘战船到斯瓦尔巴群岛巡航。1827 年，挪威还组织了以克尔哈乌为队长的考察队对斯瓦尔巴群岛进行了初步的科学考察。1920 年 2 月 9

行驶在北极海湾中的邮轮和帆船

日在巴黎和平会议上，由挪威、美国、丹麦、法国、意大利、日本、荷兰、英国和瑞典9个国家共同商定，赋予挪威王国具有统治斯瓦尔巴群岛的权利，这就是第一次《斯瓦尔巴条约》。在此次巴黎和平会议上还诞生了《斯匹兹卑尔根条约》，该条约除了同意挪威对斯瓦尔巴群岛有统治权之外，还规定了签署《斯瓦尔巴条约》的国家在该岛的有关权利和义务：考察科研权、开采矿产权、旅游定居权等等。

为了使1920年在巴黎和平会议上签署的《斯瓦尔巴条约》更具国际性和权威性，1925年8月14日，又有26个国家加入了《斯瓦尔巴条约》，包括中国在内。《斯瓦尔巴条约》将中国与北极紧密地联系在一起，中国也可以享受在斯瓦尔巴群岛上的采矿权、旅行权、科学考察权和自由居住权等等相关权利。

根据《斯瓦尔巴条约》，挪威将斯瓦尔巴群岛划为一个州——斯瓦尔巴州，州治所在地设在朗伊尔城。朗伊尔城三面环山，一面靠海。

朗伊尔城于1906年建市，1943年曾遭德国纳粹入侵者的摧毁。二战结束后又恢复重建，到21世纪初，除了必要的市政和煤矿公司等基础设施外，这里有地球最北端的大型现代化飞机场，有一所教育质量很高的大学，有中学、小学，有幼儿园、托儿所，有游泳馆、体育场，有旅馆、酒店，有超市，有教堂，有夜总会，有戏院……这里不仅有挪威人开设的商场，还有俄罗斯人开设的酒店。甚至还有来自菲律宾的打工妹，在酒店、商场从事服务工作。

朗伊尔城位于北冰洋中的一个海湾，这个海湾也是朗伊尔城附近最长的冰川河流的入海口，海湾呈北西—南东向，长约8000米，平均宽4000米。

朗伊尔城机场位于海湾西南角的半岛上，主跑道长3000米，是北极地区最北端的较大型民用机场，每天都有三四班挪威兄弟航空公司的客机来往于朗伊尔城与挪威最北端的特朗瑟之间。朗伊尔城机场建成于1975年，机

美国人在朗伊尔城开设的北冰洋海产品商场

场里还专门设有北极熊陈列室，以供来往于斯瓦尔巴群岛的客人参观。在斯瓦尔巴群岛更北端的北极科学城新奥勒松，还有一个小型机场，可以起降从朗伊尔城机场飞来的不定期小型飞机。

在朗伊尔城机场附近有三个夏天不冻港码头，其中两个码头的长度为45米，水深8～9米，每年有将近50万吨原煤要从这里运往欧洲其他地方。另一个码头，水深16米，码头长度50米，是斯托·诺斯克·斯匹兹卑尔根煤矿公司的专用码头。

一条柏油路将机场和朗伊尔城所有的机关、学校、商场、旅馆、酒店以及教堂连在了一起。

朗伊尔城有北极地区唯一的一所大学——挪威斯瓦尔巴北极大学。学校建在朗伊尔城东北的一个台地上，校舍和教学、办公等设备都很现代。该校又称斯瓦尔巴联合大学，每年都有一些中国留学生到这里留学深造。

在机场所在的半岛上，还有两个火力发电厂。这两个电厂并不同时发电，一般是一个工作，另一个备用。在半年都见不着太阳的地方，照明显得尤为重要。

那个长年运行的火力发电厂，烟囱高达80米，由于燃煤的质量很好，烟尘十分轻淡。烟囱顶部烟尘的方向，代表着朗伊尔城上空气流运行的方向。淡淡的烟尘很快就会消失在蓝天里，反倒成了朗伊尔城的一道风景线。

在朗伊尔城两侧的山坡上，除了现代冰川和积雪，就是古冰川作用过的遗迹，在半山腰

可以看到当年采煤的井架、井洞和电缆索道。一条冰川河流自北而南蜿蜒流向北冰洋海湾，冰川河流源自上游的 1 号冰川。河道中的水量随天气的变化而变化，气温高的时候，冰川融化快，消融水多，河流里的水量自然会增多变大。这是指夏半年，即朗伊尔城极昼时期。要是冬半年，即朗伊尔城极夜时期，由于上游的冰川消融完全停止，河流则处于断流状态。尽管极夜期间时有降雪，但冬季的气温低于0℃，必须等到来年极昼时期才

流入北冰洋中的北极冰川

能出现冰雪消融。

由于地处北纬 78℃以上，朗伊尔城的极昼极夜现象分明：每年 3 月 8 日— 8 月 21 日是极昼时期，10 月 28 日—次年的 2 月 14 日是极夜时期。当年在朗伊尔城长年工作、生活的人数大约为 1500 人，即使在漫漫的冬夜也要坚守在这遥远的北极腹地。极夜期间，这里一天 24 小时，无论马路上的路灯还是公共场所的照明灯都会长明。

太阳，对于生活在朗伊尔城的人来说弥足珍贵。每年 3 月 8 日，是朗伊尔城特殊的节日——朗伊尔城人选择这一天作为迎接太阳到来的纪念日。3 月 8 日一早，朗伊尔城的人们几乎全部走出家门，连小孩都要在大人的陪伴下出来。人们兴高采烈，捧着鲜花，擎着气球，身着艳丽的服装，来到南山一处开阔的台地上，唱着祈祷太阳快快升起的歌曲，迎接一年一度太阳的第一次冉冉升起。从这一天起，朗伊尔城天空中的太阳将会一直悬挂在人们的头顶上，直至 8 月 21 日。在极地，每年的极夜和极昼相交的时候，会有

北极日出

一个过渡期。在这个过渡期里，每天的太阳有起有落，直至真正极昼和极夜到来的那一天。

在朗伊尔城的极昼季节，即使到了半夜三更，睡觉时也要拉上厚厚的两三层窗帘。什么叫"亮如白昼"，在朗伊尔城夏天的夜晚人们才会有切实的体会。

朗伊尔城四周的山不是太高，多在海拔 1000 米以下，朗伊尔 1 号冰川积累区的最高山峰，海拔才 1050 米。这里基本上没有木本乔木生长，最高的草本植物就是北极针茅，平均植株高 60 厘米。我们所住的宾馆海拔很低，几乎接近海平面了，烧水时 100℃的开水呼呼地冒着白色的蒸汽。中国人有喝开水的习惯，弄不好就会被滚烫的开水烫伤。我们曾开玩笑说，朗伊尔城的山不高，冰川不高，草不高，只有开水的温度高。我国西藏的山高，水高，树高，就是水温不高。可不是嘛，在珠穆朗玛峰大本营，要是不小心把开水倒在了手上，也不会把皮肤烫伤，因为那里海拔 5200 米，开水的沸点不会超过 70℃。

除了上学、科学考察之外，包括朗伊尔城在内的斯瓦尔巴地区已经成了世界著名的旅游胜地。以北京为例，只要花 6 万元人民币就可以到达斯瓦尔巴群岛，前往朗伊尔城等几个有人类活动的区域参观考察，领略北极的无限风光。要是还想到北冰洋上游弋，花 8 万元人民币就能如愿以偿。

和 1 号冰川的不解之缘

在我几十年的考察生涯中，我与 1 号冰川有着不解之缘。

1981 年，我率领中日联合天山博格达峰科学考察队，首先抵达乌鲁木齐河源 1 号冰川，开创了我国改革开放后中外冰川科学家合作野外科学考察研究之先河。

1993 年，我从中国科学院兰州冰川冻土研究所被"人才引进"到中国科学院成都山地灾害与环境研究所，一头扎进贡嘎山的海螺沟，在举世闻名的海螺沟 1 号冰川一干就是 20 余年，除撰写、发表了多篇研究论文外，还先后在报刊上发表过介绍贡嘎山海螺沟 1 号冰川以及该地区冰川环境的科普文章，并在中央电视台做过多期介绍海螺沟的访谈节目，还出版了两本科普图书《海螺沟科考纪行》《唯美四川　海螺沟》。为此，海螺沟旅游景区管理局专门聘请我为科学顾问、宣传大使，并授予我海螺沟"荣誉市民"称号。

很幸运，这一次我将和北极朗伊尔 1 号冰川近距离接触。看来，我真是和 1 号冰川有缘。

当然，作为一个专门从事冰川与环境研究的科学工作者，除了 1 号冰川，我接触更多的是其他编号的冰川。比如长江源头的姜根迪如北侧冰川，编号为沱沱河源 30 号；姜根迪如南侧冰川，编号为沱沱河源 33 号；水晶矿冰川，编号为尕尔曲 61 号冰川；岗加曲巴冰川，编号为尕尔曲 64 号冰川等等。即使是海螺沟冰川，按照国际冰川目录的编制要求，也必须有另外一个号码，那就是大渡河流域磨西沟 3 号冰川。

队员们到达宾馆安顿好后，就急不可待地想去冰川上考察。我是专门研究冰川与环境的，更是恨不得直接带着帐篷住到冰川上去。当然，我们还要服从整个考察队的安排。

我国的冰川科学研究历史并不长，如果从专门的研究单位——中国科学院兰州冰川冻土研究所成立时算起，只有 50 多年的时间。冰川本是一门研究冷的科学，所谓冷科学自然与冰川的温度属性有关，一个地区平均气温高于 0℃ 是不会形成冰川的。另外冷科学还有另一层含义，即冷门科学，是指研究冰川的人少之又少。而对冰川科学的精髓真正了解的人，则更是凤毛麟角。

20 世纪 80 年代初，我曾有幸参与了科教片《中国冰川》拍摄的科学指导工作。《中国冰川》首次拉近了观众与冰川的距离。改革开放后，一些游客去西藏，到南极，到北极，想零距离和冰川接触，用自己的手去触摸那冰清玉洁的神奇世界。这不，刚刚下榻宾馆，无论什么专业，包括媒体记者，第一时间都想去朗伊尔 1 号冰川，看看北极冰川的尊容，观赏一下北极冰川的晶莹剔透，感受一下冰川那不惧冰霜雨雪和天寒地冻的傲气。

此时北京时间是 7 月 27 日，当地时间还是 26 日下午，星期六。晚饭后又是整理房间又是写日记，不知不觉已是晚上 10 点多，抬头望望窗外，依然是艳阳高照。在太阳的照耀下，只见对岸山上的岩层呈水平状，似乎是沉积岩，这毫不奇怪，产煤地区的岩层都是沉积岩。不知什么原因，在半山腰成百上千只的白色海鸟在上下翻飞盘旋，好像涌动在山间的层层云雾。有人说可能是它们发现了北极熊，还有人说那是海鸟们入巢休息前的正常仪式。

第二天早晨 3 点多我就醒来了，走出宾馆，来到宾馆后面的朗伊尔河边，哎呀，吓了一跳，原来许多人已早早起床来到这里，有的在照相，有的在散步。老高在观天象，老吴在采集植物标本，中央电视台的记者武伟、孙树文不失时机地又是录像又是现场采访。我观察着河道中砾石上面古冰川作用后留下的各种印记，比如鼠尾擦痕、新月形劈理（极像用刀劈树时留下的痕迹）以及次磨圆度等等特征，随后又向河岸两侧山崖和上游望去，发现河谷地呈U形，山体上部的角峰、刃脊起伏相连，一些退化严重的小型冰川和季节积雪高高地悬挂在山脊附近。朗伊尔1号冰川则静卧在南面一条宽阔的U形谷地中，那里正是我这次北极科学考察的主要目的地。

当天下午3点，各个专业的科研人员以及媒体记者、企业代表背着各自的行装、仪器和考察必需品，沿着朗伊尔河的右岸，向朗伊尔1号冰川进发——我们要上冰川考察了。大家先走过一段土沙路，然后是一片河漫滩。

河漫滩是朗伊尔1号冰川东面的一条冰川融水冲积而成的。这条冰川也是一条极地山谷冰川，与朗伊尔1号冰川仅一条山脊之隔。这条冰川长4.5千米，平均宽1.5千米，冰川积累区最高海拔为878米，冰川末端海拔200米。它和朗伊尔1号冰川一样，融水也流入了朗伊尔河。河漫滩上的河水呈散流状，有的较小，一步就可以跨过去；有的较大，水势还有些急，我们从附近找来废弃的木板架桥而过。

过了河漫滩，顺着一条废弃的煤矿小径缓缓上行，突然一道高高的堆积物挡在大家的面前。高登义教授问我："这是不是古冰川终碛垄？"我环视了一下这道垄状堆积物，它有反向坡，形态与古冰川终碛垄并无二致，只是它的颜色发灰发黑，岩性单一，像是人工所为，于是我十分肯定地说："这不是古冰川堆积物，一定不是！"当我们爬上那座堆积物，发现在堆积物靠山的一边有一个废弃的煤矿矿井，原来横亘在河谷中的垄状堆积物是一处采煤的尾矿矿渣而已。转过尾矿矿渣堆积垄，是一道平缓的台地，台地上生长着小灌丛和北极莎草，一些古冰川漂砾散布其间，这显然是一道古冰碛阶地，形成年代至少也有几千年了。在冰碛阶地靠朗伊尔河一侧，有一座废弃的建筑物，只剩下了钢梁和房架，地上长满了低矮的草灌植物。高教授说这是一个破败的爱斯基摩狗舍。狗舍很大，可以圈养上百只狗，是当年煤矿主养来用于交通运输的，可见那时的朗伊尔1号冰川附近的繁忙景象。

作者（中）在斯瓦尔巴冰川考察途中

突然，几只北极驯鹿出现在我们前面10米的地方，这是我有生以来第一次见到这种动物。高教授告诉我，这里的生态环境保护得很好，尤其是煤矿停业后，驯鹿已经习惯了与人类近距离接触，说不定哪天在我们的住地也能看见它们的身影呢。

走过平缓的古冰碛阶地，前面又是一道深深的流水沟，这是朗伊尔1号冰川右侧的冰川融水沟，沟的对岸正是朗伊尔1号冰川的末端，一道高耸的终碛垄矗立在我们的眼前。可是沟上无桥，沟中水流太大，正在踌躇间，有人说刚才路过的河漫滩有一架金属梯，可以用它架桥过沟。科学探险协会副秘书长王维带着刘宇几个年轻人以最快的速度抬来了金属梯，架在湍急的冰川融水沟上，打通了我们进军朗伊尔1号冰川的最后一道难关。多亏了那架金属梯，当河漫滩水大时可以用来修路，当融水沟无法通行时又可以用来架桥。

终碛垄上的石碛非常松散，冬季的积雪还时隐时现，中央电视台记者孙树文不小心一脚踩进雪窖，半个身子陷进了松软的雪堆里，以为要掉进万丈深渊，吓得大叫一声，半天喘不过气来。我和老高赶紧上前，一左一右连拉带拽，救出了小孙，我们也累出了一身汗。我告诉大家，松软的积雪下面虽然不会有万丈深渊，但是却有犬牙交错的冰钟乳和尖牙利齿的冰碛石，一旦掉下去，不穿几个洞，也要划破几层皮，大家一定要小心。

途中休息时，老高给大家讲述了几年前著名的科学家刘东生院士考察1号冰川的事情。

那是在1996年8月24日，已经79岁高龄的黄土地质学家刘东生院士，在高教授陪同下，登上了朗伊尔1号冰川。在攀登途中，刘先生谢绝他人搀扶，克服滚石、滑冰和积雪没膝等艰难，一步一个脚印，顺利地完成了登临北极的科学梦想。

前辈的吃苦精神激励着大家。

稍作休息，大家便小心翼翼地爬上一道高100多米的终碛垄，我们终于来到了朗伊尔1号冰川的表碛区。在厚厚的冰川表碛中，偶尔会发现一些地衣、苔藓和莎草植物，拨开表碛，还可以看到晶莹剔透的冰川冰。这就是朗伊尔冰川，我们称它为朗伊尔1号冰川。

朗伊尔1号冰川距我们的住地新城宾馆大约2500米，是一条典型的极地海洋性山谷冰川。冰川走向呈北东—南西向，最高处海拔为1050米，冰川末端海拔为200米，冰川长约5000米，平均宽度为650米，冰川面积为3.1平方千米。冰川前端是一道高高矗立的冰碛垄，这是近半个世纪以来由于地球气温升高变暖，冰川退缩时遗留下来的产物。这道冰碛垄相对高差约100米，冰碛石堆砌得比较疏松，时有细细的流水从中渗出，在冰碛垄的外侧下部台地上形成稀稀的泥流，估计里面还有冰川埋藏冰体。和西藏相比，末端海拔200米的朗伊尔1号冰川的"个头"是相当低了。西藏地区最低的冰川为察隅县境内的阿扎冰川，它的末端海拔为2600米。

在北纬78°地区生长的垫状植物

朗伊尔1号冰川的中下游坡度平缓，上游相对比较陡，但是看上去仍然可以借道攀爬。估计步行可以从冰川末端向上跨越冰川雪线到达冰川的积累区，然后借助冰镐、雪杖和冰爪，可以爬到冰川的最高源头。

朗伊尔1号冰川上深切的冰面河流

越过冰川的表碛区，我们来到冰水消融的冰面上。在米玛平措和张怡华的帮助下，我开始了对北极地区现代冰川的科学考察：用便携式GPS卫星定位仪布设了第一个观测剖面：剖面选在冰川白冰区和表碛区交界的地方，从右到左横贯冰川。大凡交界线有明显变化的地方就用GPS测出它的海

朗伊尔1号冰川上湍急的冰面河

拔高度、经度和纬度，同时记录下该点的具体地貌形态，比如有无冰面河，有无漂砾石块，冰面有无明显的污化，有无冰川裂隙等等。

通过后来多次对冰川积累区的积累剖面和消融区的冰面变化考察得知，这里的年平均降水量为1000毫米以上，消融区冰川温度接近0℃。通过GPS对冰川断面的重复测量，冰川年平均运动速度在10米以上，冰川的活动比较强烈，加之距离海洋比较近，具有明显的暖性海洋性冰川特征。

考察发现，朗伊尔1号冰川消融区一直延伸到冰川雪线以上的积累区，

冰面河流的发育也很强烈，最大的一条冰面河最深处达到 3 米以上，最宽处也有 2 米多，这条冰面河的上游一直延伸到冰川雪线附近。从左到右，冰面河流竟多达 20 余条，可见北纬 78° 地区冰川的消融是十分剧烈的。这和北极冰川的积累、消融的季节分配有明显的关系。

西藏地区的冰川则不一样，西藏的冰川消融期和积累期几乎是同一时间，都在季风季节的 5—9 月。在夏季，冰川的积累区下的是雪，随时可以给冰川以充分的物质补给；消融区下的则是雨，只要气温高于 0℃ 就会发生消融。而北极的斯瓦尔巴地区的现代冰川积累期和消融期却不在同一时间，积累期主要在冬半年的极夜里，消融期主要在夏半年的极昼中，冬天冰雪几乎一点都不融化，夏天却几乎一点都不积累，夏天的消融面积几乎覆盖了整个冰川。

抬头向冰川上游的积累区望去，冰川粒雪盆和粒雪盆后壁上的雪层似乎都处于湿雪状态，也就是说，即使在冰川的积累区，在极昼的夏半年里也

北极冰川因消融形成的瀑布

有融化，只不过那里的冰融水浸泡着粒雪，不一定能够流到消融区罢了。因此，极地的冰川在夏天的极昼时期都处于消融后退状态。而积累区的粒雪被融水浸泡现象，正好说明了极地冰川存在着暖渗浸重结晶的成冰作用过程。极地冰川积累区一部分冰雪融化成液态水后，来不及流走便和深厚的粒雪浸泡在一起，在重力作用下，这些湿雪就会在一定时间内结晶成冰川冰，这种冰川的成冰作用被称为暖渗浸重结晶的成冰作用。当冬季也就是极夜来临时，由于得不到太阳辐射的热量，极地冰川的积累区和消融区就会处于积累冻结状态，来不及流走的冰雪融水在极短的时间内被冻结附着在冰川上，以再冻结成冰作用的形式补给冰川，扩大了冰川的覆盖面积，稳定甚至增加了冰川的长度和厚度。

要想知道极地的冰川是前进了还是后退了，不只是孤立地观测它们在极昼时的状态或者极夜时的状态，而要利用冰川多年前进或者后退或者稳定的变化资料进行统计分析，才可以得出某条冰川在一定年份里是前进了还是后退了，或者是处于稳定之中。

北极地区的冰川

朗伊尔 1 号冰川只是北极地区冰川家族中的一个小兄弟而已。

众所周知，北极最大的冰川是格陵兰冰盖，其面积仅次于南极冰盖，为 216.6 万平方千米，南北长 2530 千米，东西宽为 1094 千米，平均厚度为 1500 米。格陵兰冰盖中部高，四周低。冰盖中有两处地貌凸显的冰穹，也就是由冰雪体沉积而成的呈馒头形状的高山或高原。大冰穹位于格陵兰冰盖

北极是冰川的故乡之一

北部，最高处海拔为3000米；冰盖南部还有一处冰穹，最高海拔为2500米。格陵兰冰盖冰体的温度低至 −31℃。

格陵兰冰盖和南极冰盖的面积占地球冰川总面积的97%，冰量占地球冰川冰量的99%。有人推算，如果格陵兰冰盖全部融化，融水流入海洋，那么地球的海平面将会上升6米。如果南极冰盖、格陵兰冰盖以及全世界所有的冰川积雪都融化解体的话，地球的海平面将要上升70米！

此外，在北美阿拉斯加地区还分布发育着上万条现代冰川。在加拿大北部北极地区、俄罗斯北部北极地区也有不少现代冰川分布。

冰岛属于亚北极地区，在北纬63° 30'—66° 33' 之间。在南极，和南极洲相连的许多半岛、岛屿还未达到这个纬度，比如我国南极长城站所在的乔治王岛为南纬62° 12'59"。冰岛的冰川面积达到1.3万平方千米，最大的冰川是位于冰岛东南的瓦特纳冰川，面积达到8450平方千米，仅次于南极冰盖、格陵兰冰盖，是地球上第三大冰盖。

我们此次考察的斯瓦尔巴群岛上分布发育着大约2100条现代冰川。从冰川形态上分，斯瓦尔巴群岛上的现代冰川大致可以分为冰帽冰川、山谷冰川、溢出宽尾冰川、冰斗冰川。

所谓冰盖，是指冰川作用的规模能够将一个面积非常大的山脉、高原甚至一块大陆完全覆盖起来的冰川，比如南极冰盖和格陵兰冰盖。冰帽冰川，是指冰川作用的规模能够将一个浑圆的山体或者高地覆盖起来的冰川，形态和冰盖差不多，只是规模和面积小得多。冰盖冰川和冰帽冰川的积累区可以是一个彼此相连的统一体，可是它们的中下游和末端却可以分属于不同坡向的几个流域。山谷冰川和冰盖、冰帽冰川之间最大的区别在于，一条山谷冰川的积累区和消融区为同一个流域，积累区有一个或者几个积累盆地，它们汇流以后顺着一条谷地流向同一个方向。如果一条山谷冰川有足够的来冰量支持冰流一直流到山谷的谷口以外，由于冰流到出山口以外不再受谷地的限制，由谷地中的压迫流变为谷口外的伸张流，于是冰川的形态就变为溢出宽尾冰川。

中国也有冰帽冰川和山谷冰川。比较著名的冰帽冰川有西藏羌塘高原

北极的溢出宽尾冰川

北极退缩中的山谷冰川

上的普若岗日冰帽冰川，还有发育在新疆和西藏交界的西昆仑山上的古里雅冰帽冰川。中国境内最长的山谷冰川是发育在新疆喀喇昆仑山最高峰乔戈里峰（海拔8611米，世界第二高峰）北坡的音苏盖提冰川。不过到目前为止，在我国还没有发现有典型的溢出宽尾冰川分布。

在北极，除了格陵兰冰盖为冰帽冰川之外，多数冰川属于山谷冰川和山谷溢出宽尾冰川。比如斯瓦尔巴群岛南部的阿德温特河流域、德格尔河流域和萨森河流域，至少分布发育着近200条现代冰川，绝大部分属于山谷冰川，山谷冰川中规模最大的则是山谷溢出宽尾冰川。

位于朗伊尔城南部的阿德温特河流域，最大的山谷溢出宽尾冰川是德罗恩冰川，冰川最高海拔为1025米，冰川末端海拔180米，冰川长12千米，平均宽1.2千米，冰川面积至少也有30平方千米。德罗恩冰川由7条支流冰川汇聚而成，冰面上由冰融水形成的冰面河发育强烈，最长的一条冰面河长达5千米。冰川溢出谷口后展开形成半圆形宽尾形状，在冰川的最前端形成一道高出冰面的半圆形终碛垄，很壮观，也很漂亮，犹如一座巍峨的古城堡。冰川消融水形成了至少10条暗河，从冰川末端那城堡似的终碛垄底部喷涌而出，成为阿德温特河上游主要的补给水源。

在斯瓦尔巴群岛上，几乎所有长度超过10千米的大型山谷冰川末端，都有溢出宽尾的现象。如果气候再冷一些，积累区的降雪量再大一些，这些冰川的溢出量会更大，冰川的尾巴也会更宽阔、更厚实。要是哪一天在北极地区观测到更多更大的溢出宽尾冰川出现，那就说明地球又变寒冷了，或者说海气循环更强劲了，降水量明显增加了。

所谓海气循环，即海洋通过蒸发而成为地球大气环流的主要水汽供应方式，大气环流再通过降水的方式，最终将水体还给海洋，如此周而复始，故称之为海气循环。

山谷溢出宽尾冰川对所经过的谷地地貌有更为强大的侵蚀能力，如果

斯瓦尔巴群岛上的小冰盖

远处为古冰帽冰川作用过的平顶山，近处为漂来的圆木

壮观的北极溢出宽尾冰川

冰川退缩到谷地中上游，那么显露出来的古冰川U形谷会更漂亮，谷地中还会出现更加漂亮的古冰川湖泊以及鲸背岩、磨光面等许多古冰川侵蚀遗迹。作为现代冰川，山谷溢出宽尾冰川景观地貌更具观光旅游价值。

斯瓦尔巴地区的现代冰川，整个夏半年都处于太阳照射之下，冰川冰体的温度接近0℃，属于典型的极地海洋性冰川。冰川在夏天消融强烈，冰川运动速度快，冰川具有明显的塑性变形特征，极容易在冰川的中下游形成美丽的弧拱构造。

弧拱构造是海洋性冰川最常见的现象，也是极具观赏价值的冰川构造景观。

大凡能够发育弧拱构造的冰川，冰川温度都相对比较高（接近0℃），运动速度比较快，对下伏地形有比较强烈的侵蚀作用。冰川弧拱构造景观一般都出现在冰瀑布的足部和冰面相对平缓的区域。陡峭的冰瀑布将积累区的冰雪物质快速输送至冰川的消融区，形成冰川最具景观价值的冰川舌，由于

冰川退缩后遗留在北冰洋中的鲸背岩

北极冰川退缩后的古冰川湖泊

近乎拥挤的冰川物质，加上快速运动产生的压缩流，在地形突然变得平缓后形成了宽松的伸张流，冰川和河流一样，由于冰川与两岸谷壁的摩擦力大于中间的冰流，因此，在向下游运动时两侧的速度小于中弧（中流）的速度，于是形成了类似河水波纹一样的图案形态——弧拱。只不过水的流动韵律肉眼可以看见，而冰川的运动速度太慢，以至于人们以为它们都是不动的"死冰"。而冰川弧拱构造的存在恰恰可以证明，冰川是一种运动着的地质地貌现象。

　　冰川弧拱景观非常漂亮，令人产生无限遐想。但是斯瓦尔巴腹地的大型冰川上的弧拱构造却是危机四伏，相邻的两道弧拱之间都有一条深深的弧沟，弧沟两壁光滑陡峭，如果有人不小心陷入其中，又无救援，那真是叫天天不应，叫地地不灵，弄不好就会葬身冰谷，不是被冻死就是被饿死！要是

北极冰川的冰舌

北极科学城附近冰原上的弧拱构造景观

遇上北极熊，那就更惨了。

在前往斯瓦尔巴群岛西北部的北极科学城的途中，我们从飞机上就可以俯瞰到典型的冰川弧拱构造景象。

北极熊

　　由于气候的原因，当然也有板块运动将地球分割成若干独立的大陆和岛屿的原因，造成了地球上的生物分布具有独特的地域性特征，于是就出现了生活在沙漠地带，有"沙漠之舟"称呼的骆驼；生活在青藏高原，有"高原之舟"称呼的牦牛；生活在南极地区，有"南极土著居民"称呼的企鹅；生活在北极地区，有"北极之王"称呼的北极熊，等等。

在海冰上活动的北极熊（李梓敬提供）

　　北极熊，又叫冰熊、白熊，属于熊科中的一种大型动物。无论是它们的体形，还是它们奔跑的速度、耐寒程度、食性以及其凶猛程度，都堪称陆地上的大型食肉动物之王。

　　北极熊原本是由棕熊演化而来的。在第四纪严寒的冰期，亚洲北部、欧洲北部和北美洲北部的许多地方都是冰封雪盖，气

外出觅食的北极熊母子（李梓敬提供）

候异常寒冷。生活在那里的部分棕熊种群因为严寒造成了食物过度短缺，于是便向北冰洋地区迁徙。北冰洋虽然也是天寒地冻，海冰茫茫，可那里毕竟是海洋。只要有水，温度就不会太低（含盐的海水与冰共存时温度稍微低于0℃）。何况夏天极昼时节在大西洋暖流的作用下，北冰洋海冰会出现许多融化的窗口，这就为远道而来的棕熊提供了捕猎海豹的机会。物竞天择，环境决定物种的演化，于是，那些发现海豹美味的棕熊最终演化成了北极熊。

当年我在朗伊尔城郊外的一处苔原上考察时，曾发现过一具北极熊的尸体，虽然只剩下一副骨架，但是它的毛发仍然附着在残存的黑色皮肤和骨架上。这一意外发现让我激动不已，完全不顾是否还有北极熊在周围窥视的危险，先是对着北极熊的尸体拍照，然后用便携式GPS卫星定位仪确定其所在位置，随后掏出皮尺、显微镜等对尸体进行了一系列的测量和观察。

这只北极熊体长约2.5米，由于雌性北极熊最大个体在2米左右，由此判断，这只北极熊应该是雄性的。

北极熊的皮肤呈黑色，但是毛发白里透着淡黄。更令人惊奇的是，除了附着在皮肤表层的绒毛外，它周身的体毛粗直而且中空，在阳光的照耀下，呈现出半透明的胶质特征。

动物学专家告诉我，为了适应冰天雪地的北极生活，尤其是要度过漫长的北极极夜，北极熊不仅要储存大量的皮下脂肪以保障体能的消耗，而且身体还需要具备利于吸热保温的功能，于是在长期的环境影响下，北极熊的皮肤变成了利于吸收太阳辐射热量的黑颜色，而且在皮肤表面生出一层密密的细软绒毛，如此一来，就可以让外来的热量更多地保留在身体的内层肌肤里，就好像穿了一件贴身的保暖内衣。

为了适应在冰天雪地里的生活，北极熊的外层毛发呈现出银白中略带淡黄的色泽。这种颜色是最好的保护色。众所周知，白色是最不易于吸收太阳光的，究竟是怎么回事呢？在放大镜或者显微镜下，可以看见北极熊外层体毛呈中空状。动物专家告诉我，这种中空的胶质毛发构造，有利于紫外线的穿透辐射。紫外线属于短波辐射，可以穿透胶质状的毛发管壁，一旦进入中空的毛发管内，被紫外线加热的管壁和空气便会将热能转化为长波的红外线热辐射，而热辐射并没有穿透毛发管壁的能力，因此这些热量就可以长期地保存在北极熊厚厚的毛发内，就好像在保暖内衣外面加上了一件可以吸收源源不断热量的白色大氅，这些热量基本上只进不出。如此一来，北极熊就更显王者风范了，何愁不能适应北极的冰冻严寒，何愁不能度过漫长的北极极夜。还有北极熊的角质毛发还不怕海水的浸泡，出水后只需摇头摆尾抖动几下，身上的水分就掉得差不多了，毛发显得更洁净、更光鲜亮丽！不仅如此，海水的盐分还能及时除掉北极熊皮毛中的寄生虫呢。

北极熊是北极大陆上最大的肉食动物，体形庞大，站立时可高达 3.5 米，四只腿犹如四个浑圆的立柱，遇到海豹一掌下去，就会让海豹脑浆迸裂。雄性北极熊体长多在 2.4 ～ 2.6 米，极个别的可以长达 3 米，体重不等，多在 400 ～ 800 千克之间；雌性体长多为 2 米左右，体重为 200 ～ 300 千克。

据观察，北极熊一年中大约有 60% 的时间用来冬眠或者静养，30% 的时间都在冰雪地里行走或在海洋中游泳。北极熊无论是行走还是游泳，似乎总在关注和追逐着猎物。在追捕猎物时，北极熊的奔跑速度可达每小时 60 千米，比百米世界冠军还要快一倍多。可想而知，人要是在北极和北极熊不期而遇，如果没有任何自卫能力和保护措施，任你有再高的智商也无济于事。

特立独行的北极熊（李梓敬提供）

北极熊有自己的生存法则，那就是不放过任何猎物。

北极熊以食肉为主，多以生活在北冰洋里的海豹、海象、海狮、白鲸等高脂肪海洋动物为食，有时也会捕获一些鱼类、鸟类充饥，饥饿至极的时候还会吃一些动物的尸体。

北极熊的食量极大，一顿要吃 20 千克的海豹肉。雌性北极熊除了在哺乳期可以将猎物分给小熊仔食用之外，其余时候雌熊和所有北极熊一样，都是单独捕食，单独享用。因为它们的食量太大，为了自身的体能需要，不得不采取"吃独食"的生存方式。

北极熊具有超强的听觉和嗅觉，凭着敏锐的嗅觉可以判断周围海冰巢穴中的海豹出没信息，用巨掌击碎冰层，将来不及逃跑的海豹击昏或者直接拍死，然后拖到冰面上独自享用。在北极海象聚集的岛屿，面对体重 1 吨以上、皮肤厚实、象牙尖长锋利的海象，北极熊也有一无所获的时候。要是这些北极的王者不另辟蹊径，最后的结局就是将自己活活地饿死在脂肪丰腴的海象群附近。

北极熊也是游泳好手。游泳时，两条前腿当桨划行，两条后腿并直收拢以控制方向。北极熊可以在海中连续游泳 50 千米，但是一旦达到极限，就必须上岸休息，否则就有因体力不足而被溺死的可能。

每年 3—6 月是北极熊发情、交配的季节。雌性北极熊的孕育期为195 ～ 265 天，当年 11 月到第二年 1 月为它们的生产期，多数一胎可产两个熊宝宝。熊宝宝刚出生时一般重量仅有 600～700 克，与巨硕的父母极不相称。到三个月出窝的时候，熊宝宝的体重可以长到 10～15 千克。幼熊和妈妈要在一起生活两三年，才能脱离妈妈独立生活。北极熊长到五六岁才算成年。雄性北极熊 9～10 岁就长成高大威猛的北极之王。北极熊在野生自然环境下，寿命一般可达 23～30 岁，在人工圈养的条件下可以延长至45 岁。

近年来，有关北极熊的生存问题引起人们更多的关注，主要是因为气候变暖导致北极熊赖以生存猎食的栖息地——北极海冰面积减少，而海冰也是海豹们的栖息地。如果海冰大面积退缩减少，势必直接威胁着北极熊的生存环境。

在北极的历史中，北极熊是北极地区人类生活的牺牲品：它们的肉可以食用，皮毛则是生活在冰天雪地中北极人的最佳保暖用品——厚厚的北极熊皮毛既可以做御寒的衣物，也可以铺在用冰雪垒成的房屋里，既防潮

饱餐后的北极熊（李梓敬提供）

又保暖。

如今的科学技术和人们的生存方式，完全可以规避人类与北极熊之间的矛盾，两者可以相安无事，和平共处。就像东北虎、云南大象、金钱豹等动物一样，只要给它们留出足够的生存空间，用科学的理念建立必要的自然保护区，它们就会在生物多样性的大家庭中拥有自己的一片天地。

为了保障北极熊这一珍稀动物和世界上所有的生物物种长期共存共荣，几乎所有北极国家都制定了保护北极熊的法律法规。

美国早在1972年就颁布法律，规定在保障人类生存的前提下，禁止猎杀北极熊；1973年，美国、苏联、加拿大、挪威和丹麦等国家联合签署了保护北极熊的国际公约，公约规定限制捕杀北极熊和贸易北极熊产品，将一些地区划为北极熊的保护栖息地；美国国家鱼类和野生动物管理局于2007年提议将北极熊列为《濒危物种法》的保护对象。世界自然保护联盟在2006年也将北极熊列为濒危动物保护级别，2011年又降为易危级别。

需要特别提醒的是，北极熊还是一种主动进攻人类的动物。

1998年，几名女大学生到北极的斯瓦尔巴地区旅行，当她们行走在朗伊尔城附近的冰原上时，与一只北极熊不期而遇，其中一位名叫波·玛丽的姑娘由于受到北极熊的攻击而不幸遇难。

无独有偶，在斯瓦尔巴群岛最大的岛屿西斯匹次卑尔根岛的冯波斯特冰川区，2011年8月6日，一只北极熊袭击了驻扎在冰川上的夏令营学生帐篷，造成1死4伤的悲剧。

这个夏令营是英国学生探险协会组织学生到北极进行科学探险的。当时正值晚上学生休息的时候，为了警惕北极熊的突然"造访"，在夏令营四周布设了警戒线，用带有警示器的绳索将帐篷围了一圈，一旦有北极熊之类的动物靠近绳索，警示器就会因晃动而报警。在北极的夏末秋初，即使是半夜也亮如白昼，北极熊会巧妙地避开警示绳，轻易地闯入帐篷，于是就发生了致人死伤的可怕事件。

当然，这只北极熊也随即被击毙。

按照有关规定，在北极地区考察的时候，考察人员必须随身携带防身的武器，一旦遇到北极熊等大型肉食类动物，在有生命危险时可以鸣枪吓退它们，如果危及生命安全时则可以将其击毙。

长期的野外科学探险考察，经历多了，经验丰富了，但会使人变得小心翼翼，不敢有丝毫疏忽大意。每次考察时，大家都对沿途的环境进行细心的风险评估，哪里能走，哪里可以安营扎寨；有没有发生雪崩、泥石流、滑坡和洪水的危险；有没有大型野生动物出没等等。可是在北极考察时，尽管知道上冰川有可能和北极熊相遇，当地政府也为我们专门配备了防身的武器——步枪，可是仍心存侥幸，嫌背着一支长枪碍手碍脚，妨碍考察工作，加上自从 20 世纪 90 年代以来，我国的法律法规严禁私人保管、私藏和携带任何枪支，所以我们每次上冰川时宁可徒手背包步行，也不带防身武器。

记得有一次上朗伊尔 1 号冰川例行观测时，两个从冰川上游考察归来的西方人，身背背包、手持长枪站在我的面前，郑重其事地问我："你上冰川考察为什么不带防身的武器？"

我抬起头来，说了声"谢谢"，然后反问道："为什么非要带武器不可呢？这里不是很安全吗？这几天并没有发现有什么异常情况？"

我一边记录着观测到的数据，一边漫不经心地说道。此时，我把这里有北极熊出没的事情早已忘得一干二净啦。

"请你们回去时看一看朗伊尔河岸边的那座墓碑吧！它会告诉你们答案的！"在这两位西方朋友的友好提醒下，那次考察返回时，我特意寻到了那个被北极熊伤害致死的女大学生的墓，在她的墓前献上了白色的雪绒花和刚刚绽放的黄色野菊花，默默地站立了 10 分钟，为死者祈祷，也为自己的大意而感到后怕。

在注重生态环境保护的大原则下，人的生命和动物的生命相比，孰重孰轻，毋庸置疑，不言而喻。

在接下来的北极考察日子里，我都严格按照要求，再忙再累也要携带防身武器；不但自己带枪，还提醒其他队友也要带枪。好在除了驯鹿、北极狼、北极狐和北极兔，在那次科学考察中我们并没有遇见可怕的北极熊。有人说，可能是人来的多了，北极熊的活动受到了干扰；也有人说，大概是季节不对，朗伊尔城这个季节是海冰最少的时候，北极熊此时正在更靠北的地方觅食呢。

但凡到地球两极考察的人，无论是什么专业，都有一个心愿，那就是到了南极一定要见到企鹅，到了北极要见到北极熊。南极的企鹅成群结队，只要有基岩岛，一般都不会让人失望的。而在北极，要是没有成片连续的海冰，或者缺少海豹活动的地方，要想见到这北极陆地动物之王，机会却不多。在 2002 年北极建站考察中，我们只是在斯瓦尔巴的市政厅内，透过玻璃看到一只硕大的雄性北极熊标本。这只北极熊体长 2.5 米左右，活体体重将近 800 千克。

在斯瓦尔巴市政厅内陈列的雄性北极熊标本

在朗伊尔城考察期间，在一家超市里，我竟然发现还有完整的北极熊皮在出售，价格相当于 5000 元人民币。在北极，除了北极熊皮可以出售之外，还有大量的海豹皮以及其他皮毛制品也在销售，海关也给予放行。

随着人们对地球生态环境保护意识的普及和增强，

包括北极地区的土著人也在约束自己的行为了。尤其在保护北极熊的呼声愈来愈高的情况下，目前北极地区只允许在人类受到北极熊攻击的时候才可以射杀它们，即使在北极熊经常出没的因纽特人居住地区，也只能在极严格的控制范围内捕猎少量的北极熊，以供因纽特人自身的生存之需。

北极熊应该受到保护。北极地区的海豹、海狮、海象、白鲸，还有北极狐、北极狼、北极驯鹿也应该受到保护。随着地球气候变暖趋势的愈演愈烈，北冰洋的海冰分布范围越来越小，加上北半球的人为污染愈来愈严重，北极熊的生存环境受到巨大的威胁。

近年来研究表明，有一种用于家具、衣物和地毯等物品中的阻燃剂多溴联苯大量出现在北极熊的脂肪中，以至于造成不少北极熊雌雄同体的变异怪胎出现。北极熊是北极地区生物多样性链条中不可或缺的重要一环，北极熊更是地球家园中十分珍贵的稀缺物种。在地球生物的大家庭里，不能没有北极熊，也不能没有其他北极生物群落，所以我们一定要保护它们的安身之所！

驯鹿、北极狐、北极狼和爱斯基摩狗

到达朗伊尔城的第二天下午，我们便结队向1号冰川挺进。上冰川是我的强项，我的好朋友、著名的地貌学家杨逸畴教授说我："张文敬一说上冰川，就像要扑过去一样，走起路来大步流星，谁都跟不上。"出发没多久，我就把大家甩到了后边，当我一个人刚刚转过一道煤矸石矿渣梁子后，突然发现在左前方绿油油的草地上，有几只长着美丽犄角的大驯鹿正在静静地吃草。我激动不已，长年的冰川考察，与冰天雪地为伴，哪怕看见天上的飞鸟也会感到无比的亲切，更何况是为北极人做出巨大贡献的北极驯鹿呢。于是，我急忙用照相机和摄像机交替对准它们，一会儿拍摄，一会儿录像，又是全景，又是特写。直到后面的人陆续跟上来，我示意大家不要喧哗，生怕惊动了这些北极地区人类的好伙伴。

高登义却是一副泰然自若的样子，他是多次到过北极的人，所谓见惯不怪，习以为常，但他绝不放过拍摄的机会。他的摄影技术一流，几乎每个镜头都可以成为展览的精品。

女儿张怡华是第一次跟我野外考察，头一次见到野生动物，更不用说是头一次见到北极驯鹿了，只见她一步一跳地直冲着这几只驯鹿而去。在斯瓦尔巴地区，驯鹿和人类相处得十分融洽，虽然被她的激动所惊吓，但是驯鹿只稍稍后退了几步，便停下脚步，甩甩犄角，摇摇尾巴，继续啃食着地上

北极驯鹿

的嫩草、蘑菇、苔藓和地衣。

后来，在我们住地周围经常可以见到三五成群的北极驯鹿，出没于长满苔藓、地衣的河滩和开满雪绒花的草地里，我们甚至可以直接去触摸它们美丽的犄角，更不用说拍照和摄像了。

驯鹿是一种偶蹄目反刍类动物，又称角鹿。

驯鹿的原生地主要在北半球环北极地区，包括欧亚大陆北部和北美洲北部以及北冰洋中的一些大中型岛屿。中国也有驯鹿，主要分布在大兴安岭东北部的林区，由于它们的角似鹿非鹿，头似马非马，蹄似牛非牛，体似驴非驴，所以俗称"四不像"。生活在大森林多积雪地区的鄂温克人，自古以来就圈养驯鹿，用来拉交通工具，驯鹿就有了"林海之舟"的美誉。在我国，驯鹿被列为国家二级保护动物，还被国家林业局列为中国《国家保护的有益的或者有重要经济、科研价值的陆生野生动物名录》。我国境内目前已没有野生驯鹿，只有家养的驯鹿，数量大约 1000 只。在世界范围内，目前大量的野生驯鹿分布在北美和欧洲北部，数量有 400 多万只，仅俄罗斯境内的野生驯鹿就多达 100 万只以上，半驯养的驯鹿也有 200 多万只。

在斯瓦尔巴群岛上，大约有 3000 只野生驯鹿。为了保证岛上的牧草有足够的承载能力，最大限度地保护这一北极宝地的生态平衡，当地政府规定，经过一定手续批准后，允许每年射杀 200 只驯鹿。但是有资格射杀驯鹿的人，首先必须是岛上的永久居民，同时还必须经过培训取得射杀证，在被允许的情况下射杀那些被淘汰的驯鹿。

驯鹿体形中等，体长一般在 1 ～ 1.3 米之间，肩高平均为 1 米，雌性驯鹿体形要比雄性的大一些，雌性体重可达 150 千克，而雄性驯鹿最重也只有 90 千克。驯鹿无论雌雄都长有树枝状的犄角，犄角伸展开的宽度为 1.8 ～ 2 米。驯鹿的角一年一换，老角刚刚退去，新角随即生出。驯鹿的体毛以灰色为主，兼有棕色或栗棕色，冬天毛色偏淡，变成了灰褐色或者灰棕色，但是腹部、尾巴的尖部以及四肢内侧的皮毛多呈白色。驯鹿喜爱吃石蕊、问荆、蘑菇和一些木本植物的嫩枝嫩叶，野生驯鹿最喜欢在寒温带的针叶林中生活。驯鹿冬季受孕，春季产子，多数情况下是一胎一仔，也有一胎两仔的。幼仔三天后即可随母鹿走动，一个星期后就可以奔跑如飞，时速最快达到 50 千米。

驯鹿的肉味道香醇，富含高热量、高蛋白和多种人体所需要的营养成分，不过人吃多了就会上火，口角长疮，疼痛难忍。驯鹿的皮毛是生活在北极等寒冷地区人们御寒的极佳材料。当然，作为环北极地区人类交通运输的主力军，驯鹿更是人类忠实可靠的朋友。正因为如此，国际上每年都要召开一次驯鹿会议，交流各个国家有关驯鹿的保护、管理以及合理利用的经验。

除了北极圈内外有野生和驯养的驯鹿之外，在南半球的南乔治亚岛上也有从北半球迁移而来的野生驯鹿。2004 年，当我们在南极半岛科学考察途经南乔治亚岛时，发现岛上有好几群驯鹿，它们也很适应南半球的生活。

说到北极的动物，少不了要提到爱斯基摩狗。

在北极，如果你遇见一只几分像狼、几分像狐狸的动物，你不必惊慌失措，也许那就是一只地地道道的北极爱斯基摩狗。

所谓的爱斯基摩狗，是因为它们是北极地区因纽特人（旧称爱斯基摩人）喂养和训练的，极适宜在冰天雪地的北极地区生活的特种狗。

爱斯基摩狗的祖先是生活在格陵兰岛等北极陆地上的犬科动物。大约在公元前1000年就受到北极土著人的驯养，帮助人们狩猎和拉运东西。也有一种说法，爱斯基摩狗的祖先源于德国的狐狸犬，因为它们极像狐狸，尤其是嘴巴与狐狸没有太大的差异，而它们的脸形和北极狼又有几分相像。这是由于在漫长的历史时期，爱斯基摩狗与北极狼、北极狐混养群居，所以爱斯基摩狗既有北极狼的基因，又有北极狐的基因。

和北极熊一样，纯种的爱斯基摩狗毛色纯白，间或夹杂一些奶黄色和淡褐色的斑纹。经过数代的杂交后，如今的爱斯基摩狗已经变得色彩多样了，从纯白到灰色，到褐色，到黑色甚至棕红色的都有。但是不管皮毛如何变化，它们的皮肤大多数都以肉红色或者灰黑色为主。爱斯基摩狗体形健壮，背部宽阔平直。为了适应北极的寒冷气候，它们身披两层毛发，里层绒密细软，外层刚硬粗长，如此结构，既可保温，又可保护身体不轻易受到伤害。

爱斯基摩狗的鼻头和眼睛以黑色、黑褐色等深色为主。纯种的爱斯基摩狗一身的白色毛发，再配以黑色或黑褐色的眼睛和鼻头，漂亮极了。有不少人还将它们当作宠物喂养。

在朗伊尔城的东郊，有一个规模很大的爱斯基摩狗喂养基地。从我们的住地出发，乘汽车

朗伊尔城的爱斯基摩狗

北极爱斯基摩狗

半个小时可以到达那里。如果说北极驯鹿是可以随意放养的人类朋友，那么爱斯基摩狗却是必须圈养的人类朋友。我们迫不及待地想看到这些可爱的北极物种。正当我们乘车前行，突然前方传来此起彼伏的犬吠声，高登义教授反应快，早已举起了手中的相机，说时迟，那时快，只见分列两行的爱斯基摩狗拉着一辆胶轮车飞驰而至，又在瞬间飞奔而过。而我未来得及提前准备，刚把相机拿出来，只按了一次快门，就和它们擦肩而过。高登义教授却心满意足地回放着相机中的画面，呈现出那些生龙活虎的爱斯基摩狗拉车的精彩场景。事后才知道，这是爱斯基摩狗每天必须进行的训练项目，夏季无雪，只好用胶皮大车替代雪橇车。训练时一般都是按照雪地环境的要求进行的，将狗分成两组，每组五只，分列两行，每只都套有结实的拉车绳索，绳索的长短依每条狗的前后位置而定。奔跑的时候，两列狗呈 V 字形排开，互不影响，井然有序，快慢起止必须听从驾车人的皮鞭号令。

不一会儿工夫，我们来到犬舍大门口。下车后，管理人员请大家入内参观。只见有的犬室里圈养着好几只，有的多达十几只，有的却只有一两只。多数是成年犬，只有少数是幼犬。大概是见到我们这些陌生人了，像听到命令似的，几乎所有的狗都叫了起来，声音一浪高过一浪。有几只体形特别大的狗后腿直立，两只前爪趴在护栏的铁丝网上，仿佛要立马冲出来，那阵势还真有点儿吓人。据主人讲，只要和这些北极动物多待上一两天，就会彼此熟悉，成为好朋友的。

俗话说"狗通人性"，即便是看似凶猛的藏獒，只要近距离接触一会儿，它就会记住你的气味，下次见面一定会主动跑过来，凑到你的身旁上下闻闻，随即便摇起尾巴，和你亲近起来。

参观完狗舍后，我们又被带到狗舍西侧的山坡上，居高临下，可以将这家大型爱斯基摩狗驯养基地尽收眼底。

经过一个夏天的圈养训练后，等到冬季大雪纷飞一直到来年海冰还未化开之前，如果要到北极地区考察探险，这些养精蓄锐、训练有素的雪橇犬们就会派上大用场了。

在斯瓦尔巴群岛那漫漫长夜的冬季里，遍地都是雪，人们就会以雪橇作为交通运输的主要工具，各居民点之间的来往就会用爱斯基摩狗拉雪橇来完成。作为人类的好帮手，爱斯基摩狗一直陪伴在北极人的身边，直到来年春天，太阳从朗伊尔城东面的山脊上冉冉升起……

在北极，除了北极熊、北极驯鹿和爱斯基摩狗，还有不少只在北极生存和繁衍的陆地野生动物，令人感兴趣的还有北极狼和北极狐。

在斯瓦尔巴的新奥勒松北极科学城（接近北纬79°）考察时，我有幸近距离观察到几只北极狐。

在一幢废弃的煤矿建筑物背后，我看见两只个头不大、像狗又像狼的动物在稀疏的草地上觅食，同行的高登义教授轻声地告诉我那就是

可爱的北极狐（高登义提供）

北极狐。我连忙将长焦镜头对准了它们，狡猾的北极狐大概是听到了我们的脚步声，头一扭，尾巴一夹，便朝另一幢废弃的建筑物逃走了。

在俄罗斯北部、挪威（包括斯瓦尔巴群岛）、芬兰、丹麦、冰岛、格陵兰、美国的阿拉斯加以及加拿大北极圈内的大陆和岛屿上，都有北极狐分布。

北极狐因为毛色的缘故，又称白狐或蓝狐。它们在北极寒冷的环境中生活繁衍，加之狡猾的性格，被称为"北极雪原上的精灵"。我所看到的北极狐体形比较小，约有 40 厘米高，50 多厘米长，尾巴长，尾毛分散，浑身的毛发呈灰白色，略带蓝色，眼圈和鼻头为黑褐色，和爱斯基摩狗的眼睛、鼻头极为相像，嘴短耳短，行动敏捷，是一种非常机警的动物。

北极狐可以在 -30℃ 的冰天雪地的环境中生活，夏天皮毛换季变为灰褐色，与沼泽冻土的颜色差不多，冬季却变成白色，与冰天雪地融为一体，这是为了保护自己，更是为了抗寒保暖之需。

北极狐脚掌上也长有粗粗的毛，这样在光滑的冰雪上行走就不至于滑倒，还可以快速奔跑。北极狐以生活在雪洞中的旅鼠和田鼠为食，北极松鸡、雪鸡和鸟蛋也是它们的至爱。它们也吃野生的浆果等食物，有时还捕食鱼类和贝类，以补充营养。

北极狐的行走速度很快，耐力也好，每天可以行走 90 千米以上。冬季北极狐要离开巢穴，迁徙到五六百千米外的地方，次年夏季再返回来。有科学家利用仪器跟踪调查，发现北极狐有一种与生俱来的导向功能。

北极狐是一种繁殖能力特别强的动物，每年 2～5 月发情，怀孕期 50 天左右，每胎可以产仔 6～8 只，最多有产仔 16 只的纪录。它们的寿命不太长，一般只有 10 年。由于北极狐并不直接伤害人类，加上多年来的杂交培育，除了纯白色以外，还培育出不少彩色的北极狐，其中蓝狐就是一个珍贵的北极狐品种，经过驯养后可以供人们观赏。

北极狼又称白狼，是一种食肉动物，主要分布在欧亚大陆的北极圈附近和美国的阿拉斯加地区以及加拿大北极圈内外的森林中，有时也会到北极冰川区附近的冻土苔原上寻觅食物，在冰岛、格陵兰和斯瓦尔巴群岛上也发现有北极狼。北极狼以驯鹿、旅鼠、海象、海豹、野兔等动物为食，有时也攻击人类。可是北极狼和北极熊不同，除非人类伤害了它们的幼仔或者侵入了它们的领地，或者饿极了，北极狼才有可能向人类发起进攻。一般情况下，它们对人类并不构成威胁。

北极雪鸡

北极狼长着一身足以抵御北极寒冷的浓密而柔软的皮毛和强健的四肢，具有超强的奔跑能力。别看它平时时速只有十几千米，一旦发

正在觅食的北极雪鸡

现猎物，便会一跃而起，以每小时 65～70 千米的速度向目标飞奔而去，在向目标发起最后冲刺阶段，最大的飞跃步幅可以达到 5 米。

北极狼的皮毛分纯白、灰白和赤色等不同的颜色。北极狼平均肩高 70 厘米，一般身长 1.3 米，最长者可达 1.5 米以上。雄性体重为 80 千克左右。平均寿命和北极狐差不多，一般为 7 年。在条件优越的环境下，比如在人工圈养下可以活到 15 年以上。

北极狼喜欢群居，一般都是 5～10 只为一群。每个群体内都有极为严苛的等级差别，有一只最霸道的雄狼为首领，最好的猎物先由它享用，所有的雌狼只能与它交配，否则就会发生极为惨烈的争斗。如此一来，北极狼的繁衍数量就会受到严重的制约。北极狼一年中有两次受孕繁育期，每胎可以产仔 5 ～ 7 只，最多时可产仔 10 只以上。小狼的哺育期为 40 天左右。

为了适应特殊的北极气候和坏境，北极所有动物的发情期和繁殖期都自然而然地选择在春末夏初季节，这样就可以保障新生幼仔有足够的体能和适应能力去面对长达半年之久的寒冷冬夜。

没有冰雹的地方

MEIYOU BINGBAO DE DIFANG

一天下午，窗外玻璃上突然响起一阵噼噼啪啪的声音。

"下冰雹了！"楼上楼下的人们都激动得推开窗户想一看究竟，可是响声瞬间即停，似乎刚才什么都没有发生，天空还是一片湛蓝，地面还是那样恬静，只是窗玻璃上还留有些许的湿痕。大气物理学家高登义教授和陆龙骅教授告诉我们说，在这北纬近 80° 的朗伊尔城一般情况下是不会下冰雹的。下冰雹，在这里是一种十分罕见的天气现象。

地球两极，也就是南极和北极，不仅是地质地貌和生物环境十分独特的地方，更是气候环境十分独特的两大地理单元。比如在南极大陆基本上只有从内陆向边缘吹刮的下导风，而在北极地区也很少有对流天气，因而就很少有或者没有冰雹和雷电发生。

和南极一样，北极也是一个冷源，不仅因为纬度高，太阳辐射弱，同时还由于大面积的海冰和几百万平方千米的冰川，将本来就不丰富的太阳辐射又反射回空中。只是受北大西洋暖流的影响，北冰洋不是人们想象中的那么寒冷。北冰洋只是表面有海冰分布，而海冰的平均厚度仅有 3 米。大凡冰水共存时，无论是冰还是水的温度都比较接近，大约 –1℃左右。单就北冰洋的海冰而言，温度最低也在 –10℃以上，不似南极冰盖的冰温可以低到 –30℃以下，还有北极的冰川面积又远比南极小许多，因此，从总的气候环境而言，北极要比南极暖和得多。

北极地区的气候是极昼和极夜交替变换。即使在漫长的半年极昼天气状态下，北极地区也很难发生空气对流现象，而空气的对流是产生雷电和冰雹天气的必要条件。

雷电通常产生于对流旺盛的积雨云层之中。大气圈里的积雨云顶部离地面高达20千米，一般云层也在10千米上下。当地面（包括洋面、海面和湖面）受热后大量的水蒸气升腾形成积雨云，积雨云上层受冷后下沉，下沉冷气流又受到上升热气流的顶托再次上升……如此上下反复，冷热交替，互相摩擦，于是产生电荷。一般来说，积雨云的上部为正电荷，下部为负电荷，当上下正负电荷差达到一定程度时，就会发生放电现象，并且会伴有打雷和暴雨的天气过程。在闪电过程中，积雨云层温度骤增，空气急剧膨胀，从而产生极大的冲击力，导致强降水发生。带电荷的云层与地面突出物一旦接近也会产生放电现象，并伴以更加剧烈的闪电和雷鸣声，这种雷电极易给人们的生命财产造成损失，比如人员、牲畜被击毙，森林发生雷击火灾等。

在北极地区，由于不存在强烈的对流云系，因此就没有或者很少有闪电、雷鸣和冰雹天气的发生。一旦北极地区发生闪电或雷雨天气，就会成为惊天动地的大新闻。

2000年的一天，加拿大北极地区的居民遇到了他们有生以来的第一次闪电和雷鸣，人们对这种天气现象感到意外，一时间成为当地的特大新闻，大家奔走相告，好像发现了天外来客一样。这种雷电天气在朗伊尔城地区也发生过，时间是2000年7月。那次雷电天气过后，挪威的各大媒体头版头条对此进行了大篇幅报道。

不管是何种原因，目前地球气候变暖、气温升高的确已是不争的事实。北极地区也未能幸免气候变暖的影响。但是这种影响到底有多大，目前在学术界有不同的观点。比如瑞典学者哥德堡大学海洋学家彼得·温索尔教授认为，在过去的 100 年里，北极的气候环境仍然保持相当稳定的状态，他曾在《海洋展望》杂志上发表文章，通过对诸多北极地区的观测数据和卫星影像资料的研究分析，发现北极冰层的厚度和北极地区的平均气温在整个 20 世纪并无明显的变化。在 20 世纪 30 年代，北极有过一次短暂的温暖期，当时北极的海冰面积有过缩小现象。他认为，目前人们对于北极海冰面积缩小的反应有些过度了。然而更多的学者认为，近年来由于气温升高，已经造成阿拉斯加和加拿大以北的北极圈内的北冰洋海冰大量融化，使得亚洲和北美洲之间的西北航道已经开通。1906 年，挪威航海探险家阿蒙森穿过该航线时用了三年时间，有两次航船被封冻在海冰之中。可是在 2000 年 9 月，加拿大的巡逻艇穿越该航线时仅仅用了 9 个月的时间。正是因为北极地区这些事件的发生，引起了国际上对北极地区的更多关注。要知道，一条长年或大半年时间开通的环北极的北冰洋航线，在军事上、政治上和经济上的意义是何等重要！

那么，在目前地球气候变暖、气温升高的大趋势之下，北极地区到底受到多大的影响呢？这当然要靠科学家们的认真研究和探索，用各种科学方法去求证北极气候环境变化的真谛。不过，如果北极地区的雷电、冰雹、暴风雨天气现象出现的次数和频率越来越多的话，那一定是值得科学家乃至全人类高度关注的大事情！

中国人的第一个北极站

　　由中国科学探险协会主办，新疆伊力特和湖南沐林赞助的"中国伊力特·沐林北极科学探险考察站"经过一系列紧锣密鼓的准备，终于在2002年当地时间7月29日半夜11时10分正式建立。这是中国人在地球的北极第一次建立的科学考察站，尽管带有民间性质，但是它的意义不容低估！正因为带有民间性质，就更充分地表明了只有在改革开放以后，国力增强了，

第一个北极科学探险考察站建立

国民素质提高了，一批有志于增强科学研究事业、扩展科学研究领域的企业家和科学家，才有能力、有条件通过民间的力量先于政府办政府还来不及办的事情。

感谢高登义教授，感谢中国科学探险协会，感谢刘东生院士，感谢秦大河院士，感谢邹捍博士，感谢新疆伊力特和湖南沐林，感谢两个企业亲赴北极的代表周荣祖先生和颜卫彬先生，感谢中央电视台等媒体的大力支持与合作。高登义教授是我国现代科学探险事业的主要创始人和领导人，他为我国的科学探险事业做出了卓越的贡献。就拿此次建立北极科学探险考察站来说，从发起到拉赞助到组建队伍，他无不亲力亲为。尤其是他最早弄清楚了我国曾经于 1925 年派人参加了北极斯瓦尔巴群岛国际条约的签订，享有诸多在北极斯瓦尔巴群岛上应有的义务和权力，并且及时向我国科学院和相关部门通报。此后，我国的北极科学研究才开始迈上了一个新台阶。

邹捍是高登义教授的学生，他在 1989 年参加了日本第 30 次南极地域考察，与同赴南极科学考察的挪威学者叶新先生建立了深厚的情谊。南极考察结束后，邹捍又到挪威卑尔根大学地球物理研究所留学，师从叶新教授。正是邹捍的牵线搭桥，高登义教授与叶新先生建立了长期友好的合作关系。在叶新先生的邀请下，高登义教授多次到北极考察；在高登义教授的邀请下，叶新先生曾多次到我国的西藏等地考察。中国人能如此顺利地在北极建站进行科学考察，自然应该感谢邹捍博士了。

当地时间夜里 11 时 10 分，北京时间是 7 月 30 日早晨 5 时 10 分，正是天安门广场升国旗的时候，我们选择这个时间在北极举行科学探险考察建站挂牌升旗仪式，当然是有重大意义的。

虽然已是夜里 11 时，在北极仍然是红日高照，每个队员都穿着带有国徽、国旗的考察队服，面向南方，面向新城宾馆大楼，11 时 10 分，考察队副队长刘嘉麒院士用颤抖的声音激动地宣布："中国伊力特·沐林北极科学探险考察站落成典礼现在开始！"随着庄严雄壮的国歌声，一面鲜艳的五星红旗由湖南沐林副总经理颜卫彬先生和科学探险协会陶宝祥先生共同护卫着，在新城宾馆楼前冉冉升起，大家眼含热泪，高声合唱着国歌，只觉得浑身热血沸腾。我为祖国而骄傲，为能够来到这地球之极进行科学考察而自豪！

鲜红的国旗在北极太阳的照耀下，在朗伊尔城冰川风的吹拂下高高飘扬。

升旗仪式结束后，高登义教授和新疆伊力特副总经理周荣祖先生共同为中国伊力特·沐林北极科学探险考察站揭幕。最后，作为此次北极科学考察队队长，高登义教授也讲了话，他说："中国伊力特·沐林北极科学探险考察站在中国和挪威两国人民及友好人士的大力支持下终于诞生了，从此，中国人在北极有了第一个科学考察研究基地，感谢新疆伊力特和湖南沐林为北极科学考察做出的重大贡献。相信中国科学家一定会遵循《斯瓦尔巴条约》，在斯瓦尔巴地区以及在整个北极地区进行的科学研究中做出积极的贡献。"

北极植物化石

BEIJI ZHIWU HUASHI

　　无论南极还是北极，在人们的印象中都是冰天雪地，严寒逼人，都是寸草不生，荒无人烟。可是世事变迁，沧海桑田，早在两亿年之前，南极洲还和非洲、澳洲和印度大陆连为一体，是冈瓦纳古陆的一部分，这不仅可以从构造学上找到足够的证据，而且从南极冰盖下面发现的煤层，也表明它原先的位置一定是在比较温暖的地方。那么，北极呢？北极难道自古以来一直就是这么寒冷吗？

　　斯瓦尔巴群岛上的优质煤层和朗伊尔1号冰川上的大量树叶化石的发现，也给出了一个非常圆满的答案：远古的北极，至少斯瓦尔巴群岛曾经温暖过，这里曾经林海深深，河流纵横，是多种生物的美好乐园。

　　据推断，斯瓦尔巴群岛所在的区域曾经是纬度比较低的陆块。一亿多年以前的中生代白垩纪，这里还是茫茫林海。随着时间的推移，成批成批的原始森林长大了又死亡了，然

在北极冰川上发现的树叶化石

075

北极冰川上的植物化石

后又重新生长，再度死亡，如此循环往复，死亡的植被一部分变成了腐殖质反哺了新的森林，一部分被深深地埋藏起来。它们碳化后变成了煤层，或者变成了天然气，或者液化后变成了石油。尽管石油和天然气的形成机制，还未形成统一的说法，但是煤层的形成已经确定无疑是古代原始森林碳化所致。当然，大规模煤系地层的形成又和强烈的地质构造、海陆变迁密不可分。距今 7000 万年的白垩纪晚期，一场突然而至的大地构造运动，将斯瓦尔巴所在地区的大片原始森林及所有动物、植物悉数摧毁，并被厚厚的细沙泥砾覆盖起来。经过压力绝热碳化，终于形成了今天的煤层——煤矿资源。后来经过大陆漂移，到了今天的位置。说来也怪，从那以后，斯瓦尔巴地区虽然在北移之中几经隆起，最终与欧洲大陆分离，成为北冰洋上一处孤立的群岛。但是从露出的几乎呈水平状的地层可以知道，斯瓦尔巴陆块在构造上目前处于十分稳定的阶段，而且还将继续保持稳定状态。目前北极地区最不稳定的地方就是冰岛，那里地热遍布，火山频发。

一个晴朗的下午，我在人民日报社高级记者李仁臣先生陪同下，上朗伊尔 1 号冰川去考察，他提议我带他去捡几块化石。

说来奇怪，几天来大家一直在冰川上和冰川表碛区上上下下，走来走去，四周都是大大小小的冰碛石，却很少发现有化石的踪迹。就在当天上冰川的途中，我和李仁臣却发现了第一块带有植物树叶的化石，随后那些化石似乎一下子变得多了起来。

野外考察就是这样，机缘很重要。那天下午，我和李仁臣一边交谈着在冰雪面上观察到的那成片成片红色雪藻，一边巡视着脚下的冰川表碛。突然，我发现了一块布满阔叶树叶化石的扁平细砂岩冰碛石，他羡慕不已，试着用双手抱了起来，说："太

北极冰川上的石碛（内含植物化石）

重了，有 30 多斤呢。"可是看他那神态，分明是心仪有加。凭着多年的野外经验，我自信一定还会发现更好的化石标本，于是就将这块化石极品送给了他。

在返回途中，我帮他提着采访器材，他则费力地将 30 多斤的北极化石扛在肩上，我提出帮帮他好让他休息一会，他说什么都不让，大概是怕我反悔重新要回这块北极化石吧！

后来，我也捡了几块比较满意的北极化石。

按照挪威的有关法律法规，我们可以带回包括北极化石在内的所有考察标本。朗伊尔 1 号冰川上的植物化石主要是树叶化石，凭借所学的有关古生物知识，以及向研究古生物专业的朋友请教后，从这些植物化石的叶子形状等信息得知，阔叶化石中主要有桑科、桦科、胡杨科、栎树科、杜鹃科等植物，而针叶化石极少，只有柳杉、柳叶、桉树一类的植物，并没有发现真正的松杉科针叶化石。看来，当年斯瓦尔巴所在的地方一定是日照充足，雨量丰富，纬度比较低，而且海拔也不高的亚热带。

在此次考察中，我们很想发现动物化石，但是结果却令人失望。不过我的女儿张怡华却发现了一块树叶化石上有一只极像小昆虫的东西，这是此次

北极之行中发现的唯一一只类似昆虫的动物化石。

　　我们还想发现大的树干化石，也没有如愿。我想斯瓦尔巴地区应该有大的树干化石，也就是硅化木树化石，只不过这些化石原本是埋在冰川底部基岩里面的，由于冰川的运动，才将这些沉睡的地质遗物"漂浮"到冰川表面，从而得以重见天日的。至于为什么被冰川运动"漂浮"到冰川表面的只有树叶化石而没有树干化石（在斯瓦尔巴群岛古冰川退去后，一些地方有大型的硅化木树化石的分布），真的很令人费解。我想，是不是这一片树叶化石的形成是因为风吹的缘故：一阵大风吹来，将森林中的树叶纷纷刮到另一片没有森林的空地上，恰好地质灾害或者地质构造发生了，于是树叶和树干相分离，那些被埋起来的森林包括树干和树枝、树叶一并变成了煤矿，而被风刮到空地上的树叶便形成了各种树叶化石。

　　无论如何，北极斯瓦尔巴冰川地区的树叶化石的存在，说明了地球确确实实一直处于不停的变化之中。目前我们所看见的，只是地球地质历史长河中的一个短暂的瞬间。

　　考察期间，我还在朗伊尔 1 号冰川最前端的终碛垄上和朗伊尔河床的沉积物中，试图寻找同样的植物树叶化石。从理论上讲，这些地方都有可能找到树叶化石的。因为它们源于同样的地层、同样的岩石和同样的古环境，但是结果却令人遗憾，冰碛石虽然遍地都是，可是那些石头上却没有化石的影子！

　　这真是令人百思不得其解，为什么在冰川末端的表碛中，可以轻而易举地发现

在北极冰川上发现的树叶化石

各种各样的树叶化石，而在冰川最终端的终碛垄中，以及河床沉积物里却找不到化石的蛛丝马迹呢？

想来想去，可能和这些冰碛物的运动和运动的时间有关。

朗伊尔1号冰川上的冰碛物基本上以砂岩和砂板岩为主，这种岩石是最容易被风化的。作为冰川的表碛物，它们从冰川谷地被搬运到冰川的冰面上来的时间还不算太长，上面的树叶化石痕迹还比较明显。当它们运动到冰川末端，再被堆积成为终碛垄，终碛垄又经过漫长的堆积。在这个过程中，砂岩、砂板岩质地的冰碛物彼此摩擦、打磨，久而久之，那些本来就不堪一击的树叶化石便随着岁月的流失而风化了。至于河道里的砾石经过流水冲滚侵蚀，树叶化石哪里能经得起那种外力的长久"摧残"，所以就很难发现树叶化石了。

因此，朗伊尔1号冰川也好，整个朗伊尔河流域的冰川也好，甚至整个斯瓦尔巴群岛上的冰川地区，树叶化石只有在冰川的表碛区才可以保存得比较多，保存得比较完好，而在冰川终端的古冰碛堆积物中以及下游的河道里，就很难发现或者说不可能发现树叶化石标本了。

冰雪里的彩色生命

BINGXUE LI DE CAISE SHENGMING

人们很难想象，在现代冰川上还会有鲜活的生物生长发育。如果你有兴趣的话，不妨到冰川上细细观察，慢慢寻觅，一定会有所发现，有所收获，原来在那看似冰天冻地的环境中真的是热闹非凡！

在几十年的野外科学考察中，我去过许许多多的冰川，足迹几乎遍布我国西部的冰川区。我曾在那些冰川上观察到不少的生命现象，比如在天山的博格达峰冰川上，发现有成片的地耳直接生长在冰面上；在天山最高峰托木尔峰东坡的台兰冰川上，发现有不少的冰跳蚤活跃在雪线附近的冰雪融水坑和冰井、冰杯里；在西藏东南部大部分山谷冰川消融区，不仅可以发现冰跳蚤、冰蚯蚓和冰老鼠（一种形状像老鼠的高山墙藓）的聚居群落，而且还有许多菊科、黄芪甚至松、杉、桦、柳和杜鹃等植物直接生长在冰川的

北纬80° 地区的藻类植物

北纬80° 地区的蘑菇

表碛区。

有关冰跳蚤、冰蚯蚓和冰老鼠，我曾在相关的科研著作和科普读物中进行过描述，可是对冰川上的地耳还没有做过专门的表述。

地耳，又叫地木耳、地软耳，是一种和藻类共生的地衣类生物。地耳的分布范围很广，

北纬 80° 地区生长的地衣类生物

从高山到平原，从森林到荒漠，从赤道到两极，到处都有地耳生长，甚至在 –10 ~ –40℃的寒冷地区也有分布。地耳对土壤的要求很低，可以生长在岩石坡上，也可以生长在沙石地里。如果水分充足，地耳会吸水膨胀，显示出胶质肥嫩、半透明的片状形态，略带橄榄色，有黏滑感；如果天旱少雨，它们会变得干瘪焦黑，体积缩小好多！地耳中富含人体所需的磷、锌、钙等矿物质和多种维生素，可以食用。当年在天山博格达冰川上所看到的地耳，主要分布在冰川下游的消融区略带污化的冰面上，同行的日本冰川学家渡边兴亚教授对此很感兴趣。在稍后的中日联合西昆仑冰川科学考察时，他建议日本从事植物和微生物菌类研究的专家来中国参加采样研究。

在科学考察的间隙，我曾阅读过一些参考文献，据说在一些冰川上发现过一种色彩十分鲜艳的藻类可以直接生长在冰川的冰体上和冰川上的积雪中。每次上冰川考察，无论在青藏高原还是在南极冰盖，我都十分刻意地寻找这种彩色雪藻的美丽身影，可是都毫无收获。也有文献说在北极地区的冰川上有雪藻生长分布，此前有多位中国冰川环境学家和生物专业的学者到北极考察，但并未对冰川雪藻有过报道和描述。

我在第一次上朗伊尔 1 号冰川的时候，就特别留意冰川上有没有颜色

的异常显露。我确实看到在上冰川的小路左侧的侧碛沟中有一堆季节积雪，雪面上有一点似红非红的颜色，由于当天的任务是上冰川建立第一个冰川观测断面，就没有下到那条侧碛沟中去做专门的考察，不过我的心中已有几分惊喜。

7月31日，星期三，我和人民日报社记者李仁臣同上朗伊尔1号冰川考察，李先生是想随我上冰川，采访我观测冰川剖面消融和变化的情况，顺便还可以再捡几块好看的植物树叶化石。12时15分，我在李先生的协助下完成了对剖面各点的定位观测和记录，发现夏季北极冰川消融区的消融并不是原来想象得那样羸弱，冰川消融区的冰面形态几乎一天一个样，好几处用冰碛砾石所做的剖面标记无论是海拔高度还是经纬度都发生了一定的变化，而且剖面附近冰面河的走向和水流强度也与之前的观测记录有所差别。

之后，我问李仁臣先生，是对捡化石有兴趣，还是对冰川上游的冰川环境考察有兴趣。

"那还用说，到冰川上游继续考察呗！"

我们肩并肩地向朗伊尔1号冰川的上游攀爬着。由于冰川的消融，在冰川表面形成了一层消融壳，脚踩上去会发出嚓嚓嚓的响声，听上去很悦耳，脚下也不打滑。虽然是冰川，可是海拔并不高，不缺氧，上坡也不感到累。当我们走到距冰川雪线不远的地方时，只见这里冰川的粒雪层明显变厚了，冰川融化产生的冰面河也明显变小了，基本上听不见冰川末端那震耳欲聋的流水声。如果愿意的话，还可以继续向上攀爬，一直可以越过冰川雪线到达粒雪盆区。由于担心再往上没有水喝了，我建议李仁臣找一条清澈的冰面河，我们先把手洗了洗，然后捧起冰凉的融雪水仔细地品尝起来。突然，我发现就在饮水沟一侧的粒雪雪檐处散布着一片红红的附着物，我兴奋地告诉李仁臣，我终于找到了心仪已久的彩色雪藻了！我简单地给他讲了有关冰川雪藻在生物学和环境学方面的科学意义，告诉他虽然地处北极，可是冰川上竟然还有雪藻这样的生物分布发育，说明这一带冰川在夏半年的极昼时段处于比较温暖的状态。

在李仁臣先生的协助下，我对这片冰川雪藻做了详细的记录，并用随身带的 GPS 便携式卫星定位仪将其地理位置做了测定。

海拔高度是 478 英尺（1 英尺相当于 0.3 米），经度为东经 15° 29'55.5"，纬度为北纬 78° 10'32.4"。

我在日记中做了如下记录：在一条宽 1.5 米、深 2 米的冰面河道两岸（1 号冰川东侧冰面，东距山坡约 200 米处），我发现了梦寐以求的彩色冰面雪藻活体（粉红色一片）。起初怀疑是人为将某种红色颜料涂抹在冰川冰雪体上。经过仔细观察后，肯定这并非人为，而是真真实实地生长在冰川上的一种生物群落——雪藻。雪藻是一种生长在冰川和积雪区的低等生物，它那鲜红的色彩大概与体内含有的类胡萝卜素物质有关。

李仁臣以记者特有的敏感及时对我进行了现场采访。当天夜里，他就派助手人民日报社记者杨健将稿件发回国内，8 月 1 日在《人民网》上刊发，同时又将专访文章刊登在 8 月 2 日《人民日报》第 4 版的显著位置，8 月 5 日《人民日报》海外版也对此发现进行了特别报道。回国后，有个朋友送给我一份《人民日报》，上面刊登有李仁臣的文章，现将全文附后。

冰川学家张文敬发现北极雪藻

7 月 31 日，正在北极科考的冰川学家张文敬教授，在斯瓦尔巴群岛朗伊尔冰川上发现了北极雪藻。这是从事冰川研究 32 年的张文敬教授首次发现冰川雪藻，也是这次中国伊力特·沐林北极科学探险考察队目前取得的重要科考成果。

茫茫冰川，在张文敬眼里是一个丰富多彩的世界。上午 10 时许，记者与张文敬教授两人结伴而行。在向冰川雪线攀登途中，我们边走边聊，

北极红色雪藻

哪里是冰井，哪里是冰杯，哪里是冰面河流，哪里是冰川构造带……看到冰上也有泥土，记者问到冰川上是否有生命时，张教授回答："有啊，有蚯蚓，还有藻类。零度的气温对人类是低温，对一些低级生命却适合它们存活。"不过，在中国和世界其他地方的科考中，他还从来没有见到过冰川藻类。

　　行进了一个多小时，临近雪线，正是"脚力尽时"，前方忽然出现一条冰面河流，把冰川冲成了一道大大的裂缝，时而在冰面上奔腾，时而又在暗缝中咆哮。这冰上奇景吸引着我们，正当记者贴近冰河拍摄时，张教授指着记者脚下隆起的一处冰说，这可能是雪藻。只见晶莹的冰粒上附着着粉红色的颗粒，点点滴滴，很像谁不经意涂抹上的颜色。我们顺着粉红色的颗粒细细搜索，发现在冰河朝阳的峭岸上布满了带状的粉红色颗粒。张文敬教授用 GPS 定位仪测得，这里是北纬 78° 10′，高度为 478 英尺，时间是 7 月 31 日中午 12 点。这个发现完全出乎张教授的意料，他没有带采样的容器，记者找出 4 个胶卷盒，张文敬用冰粒洗净，采样 4 瓶。

　　在北极冰川积累区发现雪藻，说明这里有低级生命存在。在其他类似的冰川环境下，很难发现这种生命现象的存在。这次北极雪藻的发现，丰富了冰川生物多样性的内容。张文敬说："研究北极雪藻的生存条件，它是怎样繁衍的，对于研究冰雪王国里生命的产生、延续和演化，对于研究生物多样性，具有重要的科研价值。"

　　颜色发红的藻类，我在西藏东南部和横断山的冰川区也曾多次观察到，可是并不在冰川上，也不在积雪中，而是生长在冰川附近的石砾向阳面上。有人曾认为那是一种菌类的地衣，可是一位专门研究藻类的研究员在考察了四川海螺沟冰川谷地里的红石滩景观后，认定那是一种叫作橘色藻的藻类植物。这种藻类在一定的温度和湿度条件下，可以沉淀大量的类胡萝卜素，而类胡萝卜素正是其变为红颜色的基础元素。

在我的家乡四川米仓山的龙潭子景区，还生长有一种单细胞的绿藻。这种藻类在一定的湿度和温度条件下，可以产生和积淀一种叫作虾青素的活性物质，虾青素同样能够将这种绿藻变成红颜色，因此，这种生长在米仓山中的藻类又叫作红球藻。在青岛海洋研究所从事海藻研究的刘建国教授告诉我，红球藻中的虾青素是一种十分珍贵的药物，并有"长生不老素"的美誉。

北极地区冰川上的红色雪藻，到底是与类胡萝卜素有关，还是与虾青素有关，还是与别的因素有关，希望以后去北极的相关专家再做专门的考察研究。

当中央电视台记者从高登义队长那里得知，我在朗伊尔1号冰川上发现了北极雪藻并被《人民日报》记者抢先报道后立刻找到我，恳求我带他们再次上冰川接受中央电视台的采访，虽然我已经处于极度疲劳状态，可是经不住队长老高的劝说，加上责任心使然，最终不顾疲惫，又同央视记者武伟、孙树文一道赶到那片雪藻

作者在北极冰川上观测红色雪藻

现场，重新讲解了一遍有关冰川雪藻的内容。孙树文友好地对我说："张老师，以后您有什么活动一定记得提前通知我们一声好吗？"

小孙是一位非常敬业的记者。前几天随高登义教授等人去朗伊尔城西北方向考察现场采访时，途中遇到一片泥沼湿地，她手持话筒，和男队员们一起跳进冒着水泡的泥浆之中，一边艰难地行进，一边还对着话筒采访录音。之后还要攀登一座海拔900多米的山头，因为山脚的海拔与北冰洋的洋面基本相同，所以这900米是绝对高度，更何况爬上山顶完成考察任务后当天还要返回呢。在回程中再过那片冰冷的湿地时，大家再也不忍心让孙树文重陷泥沼，同行的中国科学院北京地质研究所的储国强博士不由分说，背着她就跳进了冰凉的泥潭，由于泥水深及腰部，小孙的鞋子和冲锋服还是被泥浆灌湿了。

中国人首次在北极建站科学考察，正是通过人民日报和中央电视台这些不辞劳苦、不畏艰险的记者朋友们的及时现场采访报道，才让国人乃至全世界知道中国科学家终于在北极的科学研究领域中占有一席之地。

种子最佳储藏地

ZHONGZI ZUI JIA CHUCANG DI

斯瓦尔巴群岛远离大陆，是世界上地质构造比较稳定的一块陆地。这里气候湿冷，但又不太严寒，环绕的北冰洋也是地球海洋中受人类干扰最少的水域。

在北极考察期间，我和老高、刘嘉麒、陶宝祥，在休息的时候喜欢在宾馆外的马路上散步，有时会交流考察感想，有时会聊聊多年的科学探险经历。我们之间有几十年的野外科学探险的友谊了。一次，我和老高在散步的时候谈论冰川雪藻，我突发奇想，万一哪一天地球遭到某种意想不到的灾难和打击，如果许多物种在打击中被毁灭，就像称霸侏罗纪、白垩纪的恐龙在一夜之间被毁灭一样，那该怎么办呢？要知道，我们人类所处的这个地质历史时代是地球形成以来最黄金、最优越的时代。由于地球自身的原因，也有人类造成的某些原因，一些物种已经灭绝了，一些物种正在走向灭绝。如果人类利用所掌握的技术，将世界上现存的所有物种基因或者它们的种子保存起来，一旦地球有"事"，那么等到"事"过之后，通过这些物种的基因或者种子就可以很容易地将遭到毁灭的物种重新恢复。

我想，那么微小、那么脆弱的雪藻都可以在北极的冰川上生存，如果要建立一个世界级的物种基因库或者某些作物种子储藏库，也许斯瓦尔巴群岛——北半球的尽头就是一个难得的理想地！殊不知，高教授不无揶揄地笑着对我说："老弟的想法很实际，也很有必要，只是稍稍晚了一步。"

原来，国际上的有识之士早就着手考虑筹划这件大事了。

为了防止地区性乃至全球性的自然灾害、战争尤其是核战争或其他灾难所导致的粮食作物绝种，挪威政府和全球粮食作物多样性信托基金、北方基因资源中心早已在斯瓦尔巴群岛的朗伊尔城建立了全球作物种子库。

种子库建在朗伊尔城附近海拔 130 多米的地方。一道厚厚的水泥门矗立在积雪未退的山坡上，进得门去，就会看到一条长 120 米笔直的巷道深入地层内部，在巷道的最里面，建有四个储存种子的库房，每个库房长 45 米，高度和宽度分别为 4 米，库房的钢筋水泥墙体厚达 2 米，皆设有封闭性能极高的防爆门。库房内常年保持在 −18℃的恒温。这种建筑设计，既可以防止核战争的打击，也可以在里氏 6.2 级以下地震发生的情况下不会受到任何影响。这四个种子储藏库，可以储藏全世界各种各样的作物种子 450 万个样品 22.5 亿千粒，目前已经收集到相关国家和地区的 4000 种 150 万个样品 1 亿粒作物种子。有人称它为拯救地球作物种子的"诺亚方舟"。

朗伊尔城全球作物种子库入口

斯瓦尔巴群岛远离大陆，经历了数百万年的风吹浪打和冰雪严寒的考验，成为地球上最稳定的地方。不管其他板块如何漂移，不管青藏高原怎么隆起，不管距离不远的冰岛火山如何岩浆喷发、烟尘滚滚，斯瓦尔巴群岛岿然不动，无活火山活动，无地震或少有地震发生，更未曾有过大地震发生的历史记录，也没有任何其他地质灾害发生过。虽然此地位于北极腹地，但是大西洋暖流年复一年地惠顾着这里，使本该更加严寒的北冰洋和朗伊尔城，长年低温但并非寒不可耐。由于北冰洋被欧、亚、美三个大陆所环绕，斯瓦尔巴群岛四周的海域一年四季波澜不惊，少有海啸的出现和发生。

但是，北冰洋也不是一个完全封闭的海域，即使全球气候持续变暖，导致北极地区的所有冰雪全部融化，冰雪融水也不会滞留在北冰洋内以引起洋面大规模上升而淹没斯瓦尔巴群岛。再说得极端一些，即使包括南极在内的冰盖和世界上所有的冰川积雪都融化了，按照专家的计算全世界洋面要升高 70 米的话，那也奈何不了建在朗伊尔城的种子库。因为设计工程师们早就有所考虑，为了应变海平面的可能上升，种子库就建在海拔 130 多米的高度上，这个高度甚至高出了海平面可能上升将近一倍的位置！

工程设计时还考虑到了：斯瓦尔巴丰富的煤矿资源，可以为种子库的运作提供长期的能源保证；同时还认为挪威政治局势的长期稳定以及和平的外交政策，有利于该项目的建设与长期运作，保证这个种子库在朗伊尔城可以长治久安，不用担心战争可能引起的破坏与麻烦。

朗伊尔城的种子库建在一个长度为 120 米的隧道中，采用了目前国际上最先进的电子安保系统，所有的种子都存储在密封的容器中，所有的种子存储容器均置放在 $-20 \sim -30$℃的低温环境中，即使电力动力系统出现了临时故障，低温环境要恢复到 -3℃也要经过几周的时间，而且在朗伊尔城海拔 130 米的山中隧道里长年的自然温度都保持在零下的负温环境里。按照设计要求，朗伊尔城的全球作物种子库可以保证几百年到一千年之内所有的存储种子保持活性。据说小麦和大麦种子的活性在千年之内都可以安全无虞，高粱种子的活性甚至可以延续到 1.9 万年之久！

挪威政府在国际种子库的建设中起到了至关重要的作用，除了保证用地之外，挪威政府还提供了全部的建设资金（900 万美元）。未来的运行费用和筹集新种子所需要的费用，将由全球粮食作物多样性信托基金下属的信托基金会承担，该基金会的资金由盖茨—米琳达基金会和挪威、瑞士、瑞典等国家共同提供。

朗伊尔城的全球作物种子库是一项保证人类文明得以长期延续下去的重要工程，也是挪威对全人类所做的一项重大贡献。

黑金王国

HEIJIN WANGGUO

    煤炭被称为"黑金"，可见在人们的心目中煤炭有着极其重要的位置。无论在什么地方，在相当一个历史阶段里，人类还离不开煤炭这种资源。真金白银固然贵重，但缺乏实用价值，而煤炭则不同，它是一种可以产生热和动力的实实在在的能量资源。

    说到资源，人们往往想到的是矿产资源，比如金、银、铜、铁和煤炭等资源。这些矿产是人类文明发展中不可或缺的重要资源。比如煤炭，自从被发现以来，就为人们提供了方便的生活取暖原料和工业必需的能源燃料。自从瓦特发明蒸汽机以来，煤炭资源为人类的工业化和现代化文明进程做出了不可磨灭的贡献。尽管目前大力提倡环保能源、清洁能源和低碳能源，原煤在燃烧时会释放大量的二氧化碳，会造成大量的燃烬粉尘，可是用原煤作为主要燃料的火力发电厂在短期内仍然不可能关闭，用原煤、焦炭作为燃料和工业原料的冶炼业，更是依赖于煤矿业。所以说，煤炭资源的重要地位在短期内还是无法被替代的。

    在这里，我还是先讲讲斯瓦尔巴群岛上的煤炭资源吧。

    煤炭资源遍布世界各地，包括南极和北极也有分布。

    北极地区的煤炭资源非常丰富。从有限的资料可知，北极地区煤炭的总储量在 16000 亿吨以上。仅在阿拉斯加北部地区，煤炭的储量就多达 4000

北极雪山中盛产优质煤

亿吨，相当于美国大陆 48 个州煤炭储量的总和；西伯利亚北极圈以内的煤炭储量更是高达 7000 亿吨；其余的煤炭资源主要集中在斯瓦尔巴地区。北极地区的煤炭经过大约 1 亿年古老的地质构造煤化过程，质量非常优良，大多数属于高挥发烟煤，不仅低硫（含硫量为 0.1～0.3%）、低灰（灰烬率为 10%）、低湿（含水量仅为 5%），而且燃烧值非常高，每千克可产热12000 焦耳。用北极煤炭直接火力发电，不仅热效率很高，而且燃烧烟尘极少。用斯瓦尔巴地区所产原煤提炼的焦炭，是冶炼优质钢材的理想燃料。北极煤炭不仅供给北极周边国家，还远销世界许多国家和地区。在朗伊尔城考察时，我们曾遇到有中国船员服务的大型货船停靠在煤矿码头，一名中国船员告诉我说，那艘货船将把斯瓦尔巴的煤炭运往非洲。

在斯瓦尔巴地区有一家大型煤矿公司斯托·诺斯克·斯匹兹卑尔根煤矿公司。该公司成立于 1916 年，当时所产煤炭均销往挪威，满足本国居民生活之用。之前，挪威仅生活用煤平均每年需要 150 万～270 万吨，现今包括焦炭在内一年可以出口的煤炭将近 200 万吨。挪威本土基本上都以水电为主，以煤炭为燃料的火力发电则集中在北极的朗伊尔城。

以前斯瓦尔巴地区的煤矿主要集中在朗伊尔城，现在已经转移到了斯维诺瓦。斯维诺瓦位于北纬77°54'，比朗伊尔城要稍微靠南一些。挪威本土目前还未发现有煤炭资源，所有的用煤和煤炭出口全部产自斯瓦尔巴地区。由挪威斯托·诺斯克·斯匹兹卑尔根煤矿公司控制的煤炭资源主要来自两个矿区：一个是朗伊尔城阿迪冯提河南岸及海湾的六大煤矿区，一个是斯维诺瓦煤矿区。目前，朗伊尔城的煤矿已处于关闭状态，只有斯维诺瓦煤矿区还在继续开采。

斯瓦尔巴煤层形成于7000万年前的中生代白垩纪早期，朗伊尔城的煤层与砂岩层呈夹心状，一座座山体就像夹着一层层煤炭的夹心饼干，煤层厚度在90厘米到2米之间。而斯维诺瓦的煤层则厚达5米多。

在朗伊尔城的一些废弃煤矿，通过井架、缆车索道以及与井口相连的运煤车轨道，可以看出当年繁荣的景象。每当考察之余，我们都喜欢爬到那些位于半山腰的废弃矿井去参观。不过，最让人心动的还是去斯维诺瓦煤矿区考察的亲身经历了。

8月7日，星期三，天气晴好。

早上9时，经过严格安检并且一一称重后，我们考察队分两批先后乘坐斯维诺瓦煤矿的小飞机前往斯维诺瓦煤矿参观考察。小飞机每次搭载的人数不得超过17人，人员的总重量也要受到严格限制。15分钟之后我们顺利抵达斯维诺瓦煤矿机场，煤矿公司派古蒂蒙迪先生在机场迎接我们。

和朗伊尔城的煤矿一样，斯维诺瓦煤矿有将近一百年的采煤历史。1916年9月4日，一家瑞典煤炭公司开始在此采煤作业，那时生产效率很低，50个人一年才生产4000吨煤。目前挪威公司每年的煤炭生产量已经达到200万吨！以前从矿井中挖出来的煤炭先是用马驮人背，后来改用火车和汽车运到不远处的码头上装船外运，如今则用传输带作业，将矿井里的煤炭源源不

北极冰川上曾经遍布采煤的矿井

断地运往码头，甚至直接装船，机械化程度非常高。为了减少污染，整个传输系统密封而且洒水浸润煤炭，所以从机场到矿区、工人生活区、办公区，甚至到矿井，都是井井有条，不脏不乱。为了加强矿井职工的安全意识和环保意识，工人上岗之前都要进行包括突发事件在内的培训，每年至少有一次应对突发事件的安全演习，矿区警察、医生、工人、各级管理人员都要参加。在这里，几乎每个采煤的矿井都建在现代冰川区。通往煤矿的公路建在冰川上，运输煤炭的传输系统建在冰川上，输电动力系统也建在冰川上。

北极冰川地区的煤炭开采，使我想起了一门新兴的学科——应用第四纪。

科学家将地球最近300万年以来的地质历史称为第四纪，对第四纪以来地球表面的地理环境、地貌景观、生态演替、气候变化等等的理论研究称为第四纪研究，对第四纪学所涉及的方方面面的实践应用研究叫作应用第四纪。我曾经兼任中国应用第四纪专业委员会秘书长，还主编了一部《中国应用第四纪研究文集》。想不到，在这遥远的北极竟然目睹到应用第四纪在冰川上的鲜活例证：现代冰川是每时每刻都处于积累、消融和运动之中，在冰川上建矿山、修公路、架电线、修房屋，这些设施的建设都要面对冰川的严峻挑战，比如把公路修在冰川上，首先要解决因为冰川运动可能产生的变形，同时还要面临冰川消融对于路基的冲蚀浸泡，积雪对于路面的淹埋冰冻等等问题。再比如在矿井中采煤如果遇到井顶穿透，那么上面的冰川融水就会灌顶而下，直接影响到井下的作业。还有在冰川上竖立井架、电线杆后，冰川的运动会让井架和电线杆的埋藏部分，每时每刻都受到向下的剪切力的破坏……这些都是需要应用第四纪学解决的课题，既有热学问题，又有力学问题，还有几何学的问题、环境学方面的问题。由于时间有限，虽然来不及请教煤矿方面的有关专家，不过也给了我太多太多的启迪。随着我国高山旅游业的蓬勃发展，我国许多现代冰川区已经成为热点旅游景区，如何应对、协调旅游开发与冰川环境之间的矛盾，就是一个冰川应用第四纪的科学问题，相信我们年轻的一代会对此有所突破和建树。

在斯维诺瓦矿工俱乐部一间宽大的房子里，有关技术人员向我们比较详尽地介绍了矿山环保、安全方面的情况和近期的生产状况，并且说我们即将参观的斯维诺瓦北矿是 1999 年开始作业的新矿，也是斯托·诺斯克·斯匹兹卑尔根煤矿公司引以为自豪的一座极具现代化采煤技术的新型矿井。

在矿工俱乐部的职工餐厅里，我们享受了一顿美味的自助餐，有面包、炒米饭等主食，也有丰富的蔬菜和水果，还有热量极为丰富的鱼和驯鹿肉。饮料有矿泉水、可口可乐和啤酒。驯鹿肉不敢吃得太多。也许刚从亚热带地区来的缘故，大家身上都有比较充足的热量。在朗伊尔城的住地宾馆里每天都有一顿免费午餐，菜肴中也有驯鹿肉，闻起来很香，也很好吃，起初大家以为是牛肉，可是过了两天，不少人的嘴巴不是起了泡就是长了疮。我们还以为是初来乍到水土不服呢，后来才知道那是鹿肉吃多了上火所致。

午餐后，12点多，我们再次分为两组，在矿工俱乐部换上了进矿的专用服装，又到对面的一座木楼上穿上下井专用的防水靴，然后乘坐小型面包车，沿着滨海公路直奔斯维诺瓦北矿而去。几分钟之后，面包车拐上了一条修筑在现代冰川上的公路，公路路基非常高，这自然是为了克服冰川运动、消融给公路运输带来的不利影响，同时也是为了减少公路运输和人类活动对冰川的不利影响。

作者在斯维诺瓦煤矿考察

在冰川公路上行驶了几分钟后，我们来到一座完全建在冰川上的工区办公房。在那里我们领到了急救包、矿工帽和矿工灯等一些下井的必需品，再乘坐面包车在布满冰川冰碛的公路上行驶了几分钟，终于来到斯维诺瓦北矿矿井的井洞口。下车后大家鱼贯而入，只见用钢筋、水泥拱券的井洞给人一种特别安全的感觉，洞内是一条宽敞的双行道，不时有矿车来来往往，通风的鼓风管道和采煤照明用的动力电线系统都按规范架设在矿井顶端，一切都井井有条。看见有人参观考察，来往车辆主动给我们让道。正值中午就餐休息时间，井下无人采煤作业。井道十分长，带队的主人告诉我们，井道长度有十几千米呢。很快，我们就在两边的洞壁上看见那黑金般的煤层，在矿灯的照射下闪耀着璀璨的光芒。我忙着拍照、录像，王维和朱彤各自采了一坨乌黑的煤块包好作为标本。我也想采一块，可是用力大了点，那煤块就变成黑黑的粉末了。真是一流的优质煤啊！

我们看到的煤层有3米多厚，至于煤层的宽度，那就无边无际了。带队的主人告诉我们，仅这一条井坑，用大型挖掘采煤机一直采下去，至少还可以采 50 年以上呢！我们参观的采煤现场出露的煤层宽度就有近 10 米，10 米以外的煤层将在必要的时候再向两边续采。

参观完矿井后，我们乘车经过斯维诺瓦矿政管理处，前往斯维诺瓦煤矿码头参观，只见一条长长的煤运传输带从上游方向各条冰川上的矿井延伸而来，沿着滨海公路一侧直达海港。海港上正好停靠着一艘悬挂着中国国旗和香港地区区旗的巨型运煤船，走近一问，来自广州的三副兴奋地告诉我们，这是一艘载重 3.7 万吨的挪威运输船，由香港地区一位运输老板租用，专门跑海洋运输，船上的船员绝大部分来自中国内陆，尤以山东烟台人居多。

和船上的同胞们告别后，大家又乘车离开码头，返回到矿工俱乐部吃晚餐，晚餐仍然少不了驯鹿肉、海豹肉一类的当地特产。在我国东北驯鹿会受到保护，在南极海豹也要受到保护，可是在北极地区，由于种群数量相对大得多，当然也与北极圈内居民长期形成的饮食结构和生活习惯有关，所以北极驯鹿和海豹目前还是允许适当捕猎和食用的，驯鹿和海豹制品也可以在商店里公开出售。不过我们实在没有口福，尤其是我，有一点环保主义，尽量不吃或者少吃野生动物的肉制品。从北极考察归来之后，我就坚决不吃任何野生动物。大家感兴趣的是一盘盘热气腾腾的土豆。欧洲人一年四季少不了土豆。我的家乡也盛产土豆，不是那种经过改良的土豆，而是原生态的土豆，吃起来又香又面，还稍微有点儿甜。欧洲的土豆很像我家乡的土豆。原生态的土豆最大的特点就是皮容易剥，杂交的土豆皮和肉质连在一起，只能连皮带肉一起削，吃起来没有又香又面的口感。

这一顿北极煤矿晚餐，我一口气吃了十来个大土豆，重温了一次童年时代的家乡生活。

煤矿有邮局，几十年的科学考察我养成了集邮的习惯，每到一地，我都要随同那些集邮爱好者到当地邮局买邮票和集邮信封，再加盖当地邮戳以作纪念。这次出发时科考队给大家发了很多纪念邮封，我们排着队等待邮局的工作人员给我们加盖邮戳。按照国际邮联的规定，凡是集邮者到任何国家任何地方，如果因为集邮需要，邮局工作人员都不得拒绝为其免费加盖邮戳。斯维诺瓦煤矿邮局的几位工作人员笑盈盈地为我们服务，到最后干脆拿出一台调好日期的邮戳章，让我们自己加盖。

斯维诺瓦虽然纬度比朗伊尔城要靠南一些，可是气温却比朗伊尔城要低，这可能是因为斯维诺瓦的海拔比朗伊尔城略高一些，冰川的数量要比朗伊尔城多，规模也要大。山脉高，冰川数量多，冰川规模大，冷储就要多一些，于是平均气温自然就要低了。

目前，在斯瓦尔巴群岛上除了挪威斯托·诺斯克·斯匹兹卑尔根煤矿公司在斯维诺瓦煤矿采煤作业外，还有一家俄罗斯的煤矿公司也在运营中。

斯瓦尔巴地区的煤炭资源储量丰富，质量好，出于多种考虑，朗伊尔城的煤矿目前都处于关闭状态。其实在未来相当长的时期内，也没有必要重新打开已经封闭的那些矿井，当然是为了环保。如果单从经济发展考虑，只要搞好北极科学考察和北极特殊旅游，每年的回报未必就会输给煤矿的开采

在朗伊尔 1 号冰川上科学考察

业。

在返程时，当飞机飞过朗伊尔 1 号冰川上空时，我突然发现一道黄色烟尘冲天而起，接着就是一条新形成的黄颜色的瀑布从相邻的冰川中部位置急速而下直冲朗伊尔 1 号冰川东侧的山腰部。后来，我还专门上到瀑布位置去考察，发现瀑布的规模已经变小了，黄颜色瀑布也变成一股细细的清流。究其原因，其形成的原理大致如下：在朗伊尔 1 号冰川的东侧，发育了一条山谷冰川，这条冰川的海拔比朗伊尔 1 号冰川高；这条山谷冰川的消融水在冰川中部形成了一个堰塞湖，在我们飞临过境时，越来越多的湖水导致湖堤发生了溃决，于是便发生了那一幕突发瀑布的壮丽景观。

冰川上这种突发的事件很多，除了冰湖溃决，还有冰崩、雪崩、冰川快速滑动以及由此引起的次生突发事件，要是当时现场有人类活动，必然会引起突发冰川灾害。

美丽的雪绒花

MEILI DE XUERONG HUA

雪绒花，雪绒花，

每天清晨乐意见到我。

娇小的身姿，白净的面庞，

清新纯洁，容光焕发。

总会高兴遇见我，

雪白的花朵多美呀，

愿伴随鲜艳成长，

永永远远吐芳华。

雪绒花，雪绒花，

尽情地为我祖国祝福吧！

以上的《雪绒花》歌词是我重新翻译的，在不影响内涵的前提下，似乎更文学，我更钟情我的"版本"。

尽管我没有特殊的音乐天赋，但是对一些歌曲总会有一种特别的感动，《雪绒花》就是一例。每当有人哼唱这首歌曲时，我就会情不自禁地跟着哼唱。尤其在野外考察期间，无论是从收音机里听到，还是从录音机里播放出来，在高高的山上我就不会觉得氧气稀薄，在白茫茫的冰川上我就不会觉得寒冷，在空寂无人的帐篷里我就不会觉得孤独。在中国的冰川区，我从未见过雪绒花的芳容，但是一听到《雪绒花》的歌声，就会想象雪绒花那美丽动人的妩媚和不惧风雪严寒的坚韧，即使再多再大的艰难困苦都不在话下了。

来到北极，我就想亲眼看到生长在北极地区的雪绒花是如何婀娜多姿，又是如何不惧风霜雨雪。

一天散步的时候，在一处湿地牧草丛中，我终于见到了雪绒花，果然是名不虚传，美丽非凡。白色的花像一朵朵从天空掉下来的白云，十分娇艳，却一点也不媚俗，既有大家闺秀之风范，又有小家碧玉之俊美。这些雪绒花很有团结精神，一片片、一簇簇地生长，彼此依偎，一茎一花，竞相开放。在这天寒地冻的地球北极，雪绒花用它们的美丽点缀着冰川雪原，拉近了人类亲近北极的心灵，让我们这些远道而来的科学考察者倍感温馨和亲切。

我仔细地观察着北极雪绒花的生态环境和枝叶形体，用摄像机和照相机从不同角度将它们的倩影永久地保留下来。当然，我也小心翼翼地采集了

北极雪绒花

一定数量的标本。就在我写这一章节时，我还取出其中的一朵，尽管叶茎已然变成了金黄色，可是那花依旧雪白无瑕，美丽动人。我仿佛又回到了北极，回到了那雪绒花盛开的地方。

雪绒花，俗称火绒草，是一种在高寒区域生长的多年生草本植物。雪绒花主要分布在欧洲的阿尔卑斯山脉和北极地区。即使在阿尔卑斯山脉，也只有在海拔 1500 米以上的地方才能见到它们的踪迹。由于雪绒花的生长条件极为高寒艰苦甚至恶劣，因此，在欧洲人们把见到和采摘到雪绒花的人视为最勇敢、最幸运的人。雪绒花可以生长在海拔 4000 米的高山上，可以在北纬 80° 地区 –40℃的漫漫极夜中越冬，在第二年极昼来临时又重新发芽、开花。

在朗伊尔城，我们看到的雪绒花植株高 15 ～ 35 厘米，叶互生，下部的叶片比较少，上部的叶片比较短；花苞呈半球形，花苞片有四层，花序呈伞房状排列，雄花冠长 3 ～ 5 毫米，有小裂片，雌花花冠呈丝毛状，冠毛有毛齿。雪绒花的颜色猛一看雪白，但是细细打量，又有几分灰白。雪绒花的果实很小，长约 1 毫米，黄褐色，花果期在 7 ～ 10 月。

雪绒花标本

近年来，有报道说在我国华北地区太行山、恒山和燕山交界的地方，即河北省蔚县有雪绒花分布。那里有一座小五台山，海拔 2882 米，附近有一片高山草原，雪绒花就生长在那里。

雪绒花共有 40 个种类，大部分生活在欧洲的阿尔卑斯山脉和包括美洲、亚洲在内的北极圈内的北极地区。和极地的动物、植物一样，雪绒花有着人类难以想象的生存能力。无论是它们的根茎还是种子，在北极长达半年的极夜里，既见不到阳光，又得不到必要的热量，仍能在 -30℃的低温中存活。尤其是它们的根茎在冻土的严密封冻下不能与空气接触，可是在次年的第一缕阳光到来后，它们仍能得以复苏，照样开出洁白纯净的雪绒花，充分展现了无比顽强的生命力。

在北极，雪绒花并不孤独，在它们的旁边也许还有北极罂粟花、山地水杨梅花，与它们一起争奇斗艳。北极罂粟花多彩靓丽，是斯瓦尔巴地区的区花。而雪绒花则洁白无瑕，一白压群芳。我爱北极罂粟花，更爱北极雪绒花！

会师 1 号冰川

8 月 3 日，当地时间晚上 9 点左右，李乐诗女士带着十几名香港地区学生到达考察站。作为中国科学探险协会的常务理事，她所带的考察队也属于中国伊力特·沐林北极科学探险考察队的一个分队，这个分队的全称为"香港学界北极科学考察之旅"。该分队由香港大学、香港公关大学、香港童军联合会以及世界绿色环保组织香港机构所属的学生代表组成，除了考察感兴趣的北极冰川与环境，他们的主要任务是进行相关的海洋调查。

李乐诗女士是香港地区著名的科学探险家和公益环保人士，她多次考察过南极、北极、珠穆朗玛峰和雅鲁藏布大峡谷。在我认识的科学探险朋友中，李乐诗是一个特例，她由一个喜欢绘画的广告制作人华丽转身为一个多次去三极地区科学考察、进行环保宣传，并且多有著述，足以和许多地学、环境学专业人士媲美的大家，的确令人刮目相看。更令人赞叹的是，她所有的科学探险活动都是自筹资金，同时还为其他队友提供必要的赞助和支援。

晚上，高登义教授请李乐诗等香港学界北极科学考察队全体队员到宾馆会议厅与我们座谈。参加座谈的有高登义教授、刘嘉麒院士、陆龙骅教授、吴素功教授、朱彤教授、杨永平教授、陶宝祥先生和我，当然也少不了各家媒体的朋友。那时香港回归祖国时间不长，大陆的科学家对来自香港地区的朋友，尤其是香港地区的学生极其友好，对学生们提出的各种问题，一一详细解答。香港地区的学生也是怀着一颗兴奋之心和祖国大陆亲人在北极相会，尽情地提出他们想知道的各种问题。我在发言中发挥了科学普及的专长，讲解了有关北极冰川与环境的变化以及全球冰川和气候的未来变化趋势。最后我说道："我们大陆来的科学家包括大气、生物、地质和冰川四个专业，分别代表了地球上四个圈层，也就是大气圈、生物圈、岩石圈和冰冻圈，现在又来了香港大学研究海洋的学生，使我们此行的北极科学考察内容增加了一个水圈，变成了五个圈，真是人多力量大，众人拾柴火焰高！"

第二天（8月4日），星期日，天气晴朗。李乐诗约我同上朗伊尔1号冰川。我带着张怡华、米玛平措，李乐诗带着香港考察分队的学生。

一路上大家兴致勃勃，尤其是香港地区的年轻人对什么都感兴趣，探讨的话题不断，北极有多少冰川啦，斯瓦尔巴群岛有多少冰川啦，冰川上为什么有植物化石啦，北极为什么有煤矿啦，等等。在过一条冰水沟的时候，学生们显得很吃力，他们走路只敢一步一步地走，不敢跳跃，在常人看来可以一步跨过去的小沟小坎，他们却紧张得迈不开腿，不少学生还掉在了冰水沟中。看来，香港地区的学生在体育锻炼方面不如大陆的学生。李乐诗示意我不要去帮助他们，好让学生们自己克服困难，切身体验野外考察的艰辛。不过这些年轻人也很坚强，凭着一股敢于吃苦的精神，终于克服了攀爬冰川、过冰水河、走乱石坡的困难，顺利地登上了朗伊尔1号冰川的白冰区。他们顾不上擦干头上的汗水，就从登山背包里取出中国国旗和香港区旗，让鲜艳的五星红旗和美丽的紫荆花旗在北极冰川风的吹拂下高高飘扬。我和李乐诗在中国国旗和香港区旗下合影留念，学生们也纷纷与我们合影留念，他们还取出笔记本让我签名，说他们后悔没有从事冰川与环境的研究。

在朗伊尔1号冰川上，应李乐诗女士的要求，我就冰川的变化和地球气候之间的关系，冰川运动和冰川表面植物化石的分布，还有冰川雪藻在极地冰川上分布发育所反映出的生命演替的规律和特征，以及冰川未来的发展

作者与李乐诗在北极

趋势等等，做了现场科学普及讲座，队员们都十分认真地做笔记，表示一定要努力学习，关心生态平衡，爱护环境，从自身做起，从身边做起，从小事做起。

香港回归之前，香港地区的学生都是讲英语和粤语，香港回归后学校里开始提倡讲普通话。在朗伊尔 1 号冰川上，学生们争先恐后地和我讲普通话，尽管有些咬字不清，但是看得出来他们在讲每一句话的时候都特别认真，特别高兴。李乐诗告诉我，香港回归后越来越多的人，尤其是越来越多的年轻人都以会讲普通话为自豪，以热爱五星红旗和香港特别行政区紫荆花区旗为己任。可不嘛，看到冰川上学生们那一张张被五星红旗映红的灿烂笑脸，看到他们那热爱祖国的一片赤诚的心，就好像看到了香港繁荣富强的未来，也看到了我们伟大祖国繁荣富强的未来。

在一条清冽的冰水沟中，我发现了一块完好的阔叶树叶化石，我从水中捞出来送给了李乐诗，她十分高兴，说一定带回去，等将来极地博物馆建成以后就放到博物馆里展出，并且作为博物馆的永久藏品。

但愿李乐诗的中国极地博物馆能早日建成。

高筑湖堤 低淘河堰

GAOZU HUDI DITAO HEYAN

　　朗伊尔城的周边并不缺水，一边是广袤无垠的北冰洋，一边是成百上千条玉龙般的现代冰川，无论咸水淡水都不缺。可是由于海水无法直接饮用，千年冰雪也不能直接放进锅中作为生活用水，于是当地政府就在朗伊尔城东面的阿迪冯提河出海口修筑了一座大坝。这座大坝还是一条公路的路基。大坝内侧是一个人工湖，长约 2000 米，平均宽 700 米，水深至少在 20 米以上。该湖承接来自南面、西南面的冰川和积雪融水，当然也包括自然降水。一部分冰雪融水直接注入湖中，更多的冰雪水则是通过地下砾石沙层的天然过滤再注入湖中的。这就是供应朗伊尔城居民一年四季生活用水和市政用水的水源地。

　　从朗伊尔 1 号冰川末端流下来的冰川水，冬天河冻水枯，夏季洪水滔滔，冰川融水源源不断地将冰碛石块从冰川上带入河床中，一部分砾石最终被冲入北冰洋中，但绝大部分则堆积在河道里。每当洪水到来时，不仅影响河道行洪，还直接威胁河流两岸居民的正常生活，对连接两岸的几座桥梁也是一种巨大的威胁。每年极昼期间，当地政府责成专门机构和人员用几台大型挖掘起吊机对河道进行挖掘清理，挖掘出来的砾石用来加固河堤，或作为建筑材料出售。当然挖掘深度受到严格控制，工程技术人员会根据上游的来石量，决定将河道中的多少石块"清理出局"，否则挖得太深，反而会引起北冰洋海湾的海水倒灌而造成新的环境问题。朗伊尔城当地政府的这种做法与中国李冰父子"低作堰"的科学理念不谋而合！

地处北极的朗伊尔城，虽然与上百条现代冰川为邻，却未曾有过关于冰川灾害的历史记录，更无冰川洪水对该地区人类活动造成任何伤害的报道，这就是坚持了对冰川河道进行"低作堰"——及时清理河道的结果。而"高筑坝"则解决了朗伊尔城长年近两千人的生活用水和市政用水问题。

朗伊尔河在冬季也就是冬半年里，由于无任何太阳辐射和其他热量会引起冰川的消融，而且整个冬季降下的都是雪，所以在这半年之中河道都处于干涸状态；可是到了极昼，冰川处于连续的融化状态，冰川末端以下的河道中总是水流不断，于是这项清淤低淘的工作就成为当地市政部门常抓不懈的任务了。尽管朗伊尔城的土地资源十分有限，可是我们注意到除了必要的桥梁建设之外，所有的基本设施建设绝对不会与河道争地，尤其不会人为地影响河道的行洪空间。即便发生了十年不遇或者百年不遇的特大洪水，朗伊尔城的河道在人工的维护下都可以应付自如，不会殃及人类活动，也就不会造成重大灾害。

我国的都江堰和北极的朗伊尔城，虽然相隔千万里，但是人类的文明却是一脉相承，只不过中国的都江堰水利工程比朗伊尔城早了两千多年，当年的都江堰完全是人力所为，而朗伊尔城的河道清理、饮用水源地湖泊的修筑都是以机械作业为主，时间有差异，工具大不同，理念却惊人地相似。

以刘嘉麒院士为组长的地质组决定在这里钻取湖泊沉积物岩心，这也是此次北极建站考察的"第一钻"。其实早在20世纪30年代，就有美国和欧洲科学家到格陵兰冰盖上打钻对冰芯进行相关研究；在1971年，西方科学家在格陵兰冰盖的世纪营地站钻出了205米深的冰芯，从中得到了10万年以来地球气候历史的变化资料。通过多次选点，考察组决定在朗伊尔城附近一个湖泊里开钻。湖泊上游有冰川融水流入，前面有一条高出湖面两米多的公路通过。而这个湖泊正好是朗伊尔城的水源地——人工湖，那条公路路基正是那座拦水大坝，只是当时考察队并不知情。

科研人员乘坐着从北京带来的橡皮舟，进入湖中作业。中国科学院北京地质研究所的储国强博士，工作很努力，是个喜欢跑野外的科学研究型学者。在他的带领下，大家忙了好几天，终于在湖泊的中心地带钻取了十来米深的湖泥层岩芯。在一次总结中，刘嘉麒院士高兴地说道，这可是我们此行北极科学考察的第一钻啊。地质组在打钻前做了充分的准备，反复清洗了橡皮舟，每个人的脚上、手上、头上都戴上了防污染的塑胶防护套，虽然此前大家并不清楚这里是朗伊尔城的天然水源地，但是科学考察的基本要求让科学家们必须按照保护环境的最佳标准严格要求自己。

正当大家沉浸在科研收获的喜悦中，突然有几位当地有关部门的工作人员到访，说他们接到报告，有人进入了朗伊尔城的水源地，可能已经造成

朗伊尔城人工湖水源地一角

了湖水的污染，还播放了有关现场录像资料。队长高登义教授错愕有顷，当他明白了来人的意图后，一边客气地招待来人，一边忙请刘嘉麒院士和储国强博士说明具体情况。当来人听到我们是从事纯粹的科学研究，只是想通过湖中沉积物岩芯恢复若干年以来朗伊尔河地区甚至北极地区的气候环境的变化资料时，他们笑了，然后告诉我们，以后如果有什么科学研究活动，可以事先给有关部门打招呼，也许还可以获得他们的有效帮助呢。最后还请求我们把有关水质方面的科学数据提供给他们，以便能及时发现水质中可能存在的问题。

北极的香格里拉

BEIJI DE XIANGGELILA

"张主任，我怎么发现这遥远的北极这么熟悉、这么亲切呀！"

藏族同胞米玛平措来到朗伊尔城，一下飞机就无不好奇地对我说道。当时我还在西藏发改委任职，米玛平措是我分管的一个处级干部，他习惯了这样称呼我。

米玛平措的感觉完全正确。因为他所在的西藏，也有数不尽的现代冰川。在冰川作用的过程中，或者前进或者后退，都会留下形形色色规模不同、形态各异的冰川地貌景观，包括现代冰川和角峰、刃脊、古冰斗、U形谷地、鲸背岩、磨光面、冰川刻槽、侧碛垄、终碛垄、冰川漂砾以及冰川湖泊等等。而冰川作用过的区域都大同小异，具有高度的相似性。

当年美国探险家、《国家地理》摄影记者约瑟夫·洛克，在藏东南和横断山一带考察时看到冰川分布作用区那一望无际的旖旎风光后，便问道："这里是什么地方？"当地人回答说："这是香巴拉。"洛克在他的考察日记中将"香巴拉"记成了"香格里拉"，回国后发表了系列照片和文章，包括《贡嘎探险记》。后来，英国人詹姆斯·希尔顿根据洛克的日记和《贡嘎探险记》，写成了《消失的地平线》一书，此书在欧美引起了强烈的反响，后来又被拍成了电影，于是人们就广为传颂：在遥远的中国有一个美丽的地方——香格里拉，那里的山上是洁白无瑕的冰川，山下是串珠似的湖泊，湖泊周围是杜鹃花盛开、百鸟欢叫的原始森林，森林外围是一望无际的大草原。草原上牛羊成群，帐篷散落，炊烟袅袅，牧民们无忧无虑地生活在那里，一年四季歌声不断，到处都是欢声笑语。

事实上，北极圈内外几乎所有的陆地都曾经历过冰川漫长而精细的雕

北极的冰川、刃脊和角峰

琛，现在那里基本上都有人类居住，分布着大片的原始森林、湖泊草地，像北欧的冰岛、北美的阿拉斯加、俄罗斯的西伯利亚等等，都是如此。即使在远离北极圈的瑞士阿尔卑斯山区，由于冰川的反复作用也表现出香格里拉式的景观特征：冰川、古冰川地貌、湖泊、U形谷、原始森林……凡是去过那里的人都是流连忘返，赞不绝口。

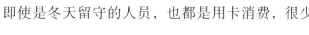

朗伊尔城虽然没有原始森林，但是这里的冰川地貌景观丝毫不减。现代冰川、U形谷、冰川迹地、平顶山、冰川湖泊……举目望去，与西藏的地形地貌的确有几分相似。

朗伊尔城三面环水，进出不是飞机就是轮船。要是凫水上岛，那几乎是不可能的事情，不仅海水冰凉，浮冰挡道，而且还有北极熊出没其间，不是被冻死就有可能葬身熊腹！因此在朗伊尔城生活、工作或者科学考察，社会治安问题少之又少。

考察期间，我们往返于野外山地、冰川、海滨与住地、商场、学校、市政等部门之间，有时候用租来的汽车或朋友叶新教授的私人汽车；有时候干脆步行，一边散步一边沿途考察，可以比较详细地观察地形地貌和植被、冻土等分布状况；有时候也骑免费自行车，在半天之内，可以随意取用停放在建筑物附近的自行车，如果时间稍长，随意付点费用就行了。这里的自行车都不加锁，使用之后就地将自行车停放在那里就可以了，不用担心自行车会丢失。

朗伊尔城的居民大多都是夏天来冬天走的流动人口，即使是冬天留守的人员，也都是用卡消费，很少有人携带现金，房间里除了大型电器之外，别无他物。因此没有偷盗、抢劫的"土壤"。在考察期间，我们的所有房间从来不关门上锁，无论是外出考察还是参观学习，我们的资料仪器、私人物品，从来没有发生过丢失、被盗现象。而我们居住的新城宾馆既无保安也无警察，大门口甚至连个看门的老头也没有。这里给人的印象，真像人们向往的世外桃源——北极的香格里拉！

目前，每年来朗伊尔城的人数和相关信息都清楚明了，这也是当地社会治安得以保障的有利条件。不过，随着北极的科学考察和休闲旅游度假知名度的提高，在不久的将来，来朗伊尔城的人数会越来越多，人员的身份也会越来越复杂，或许这种安宁祥和的小环境会有些意想不到的改变。

为了发展朗伊尔城和斯瓦尔巴岛地区的旅游业，挪威和当地政府不仅在外交通关方面有极其宽松的政策，而且花大力气在机场建设、道路整治、发电和照明设施、酒店宾馆布局、大中小学建设甚至幼儿园配套等等方面进行规划和投入；还规划了许多开发用地，以方便招商引资，吸引外国人来此开办餐饮、酒店、商场或其他为旅游服务的产业。为了不影响和破坏朗伊尔城的自然环境，大凡来此投资的基础设施，比如房屋都必须由地方政府根据投资方的要求进行统一规划和施工建设。也就是说，投资方只要把钱拿来，就可以在政府建好的办公楼里办公，在酒店里接待客人，在饭店里营业。

说到餐饮业，不妨赘述几句。在朗伊尔城有几家对外营业的餐馆酒楼，最大的一家是俄罗斯人经营的赫斯特酒店。当中国人第一个北极科学考察站的五星红旗飘扬在朗伊尔城的上空时，整个北极小镇都为之兴奋！俄罗斯人也不甘落后，在我们考察快要结束的时候，即8月25日，他们招待了全体中国北极科学考察队的成员，在豪华的赫斯特酒店专门为我们举行了盛大的"中国之夜"。为了做出地道的中国菜肴，餐厅经理还从挪威本土请来了中国驻挪威大使馆的高级厨师为我们服务。这真是一个欢乐的夜晚，酒店内灯火辉煌，快一个月没有吃到家乡菜了，什么红烧的、清蒸的、爆炒的、麻辣的、鱼香的，应有尽有。只是酒水以俄罗斯产的为主，尤其是伏特加，浓度高，酒劲大，一般人只是浅尝辄止，不敢贪杯，可是陪同的俄罗斯朋友却频频举杯，连连豪饮。我是有些酒量的人，可是看到俄罗斯朋友一杯又一杯地饮酒，我才真正领教了什么叫海量。我干了两杯伏特加之后，便退到一边喝啤酒。

鱼子酱是俄罗斯人最喜欢的食品之一，多为生吃，蘸俄罗斯酱油。而中国人一般都没有那种口福，吃在嘴里感觉怪怪的。真是一方水土养一方人，饮食文化也有强烈的地域性和鲜明的民族性。

随着中国北极科学考察站的正式建立，加上我国越来越富强，国人的腰包也越来越鼓，相信越来越多的中国人将会到北极地区考察探险、观光旅游。如果有人在朗伊尔城和其他北极地区开办中国餐馆，不仅会受到来这里的中国人喜欢，也会受到来此观光旅游、科学探险考察的西方人的青睐的。

从北极归来，我曾试图通过媒体朋友呼吁中国酒店业的有识之士，利用《斯瓦尔巴条约》赋予中国人的相应权利和义务，借中国科学家在斯瓦尔巴建站的东风，尽早抢占以朗伊尔城为基地的最佳商机。

北极科学城

在斯瓦尔巴群岛的冰川雪原中，有一块冰川退缩迹地，上面生长着稀疏的北极牧草。这块冰川退缩迹地接近北纬79°，三面是冰川雪山，一面被北冰洋环绕，冬半年积雪遍地，夏半年在北极微弱的阳光照耀下，北极牧草、雪绒花，还有一些不知名的北极苔原植物竞相生长。北极狼、北极狐、北极兔、北极野鸡等也魔术般地从洞穴、巢穴中走出来，有的还会带着小宝宝摇摇摆摆地出现在这块充满生机的北极陆地上。

终于有一天，人类也看上了这块风水宝地。它位于北极腹地，既有冰川又有裸地，还有典型的北极苔原，苔原上几乎具有北极地区所有的地貌景观和生物种类，于是这里变成了一个集地质、地理、海洋、冰川、冻土、生物、生态、环境、气象、气候等多种学科研究于一

在北极科学城附近湿地上觅食的灰雁

体的北极科学城。这就是位于新奥勒松的北极科学城（北纬 78°55'、东经 11°57'）。

到了北极，不能不到这座科学城去考察。

8 月 13 日，星期二，我们 9 点出发去机场。汽车是考察队从当地租来的，可以乘坐十来个人。看到大家都在等我，急忙中我在上车的时候头被门框磕了一下，磕得很重，只觉得眼冒金星，一阵昏眩，差点摔倒在地。被门框磕头的，我不是第一人，之前几个大个都被磕过。前几次王维、老高他们被磕的时候，我还开玩笑地说"领导又亲自碰头了"，这回王维立即回敬我"张大哥终于也亲自碰头了"。我就不明白，在挪威，在诺贝尔和平奖颁奖地，怎么会造出如此不人性化的汽车来！不仅如此，就在我们入住的宾馆房间里，每个床头的墙壁上和沙发的后背上面都有一个突出来的壁柜，刚来的客人往床上一坐或者往沙发上一靠，一准会碰到后脑勺。我也被碰过，疼得我眼泪差点掉下来。

去机场只需十来分钟，到达机场后离起飞时间还有半个小时呢。可是好事多磨，只见机场附近的海面上突然升起了大雾，机场临时通知取消当天的飞行计划，说北极科学城那边的雾气更大更浓，能见度更小。为了安全起见，我们只能改天再去科学城考察。

人民日报社的记者李仁臣最沮丧了，因为他第二天就要返回挪威北部的特朗瑟，然后回国。"那就只有等到下一次了！"他不无遗憾地说道。

真是祸不单行，返回时我又被门框磕了一下，只觉得一阵昏天暗地，恶心得直想吐，回到宾馆急忙服下一片阿司匹林和半片安定，倒头休息，一个小时后醒来，浑身冒虚汗，头仍然觉得疼，可见磕得不轻。

尽管头部受伤，北京青年报社的记者孙丹平还是想找我"聊聊"，陶宝祥也来找我陪他再上冰川去看看那红色雪藻，中央电视台的记者孙树文单刀直入地问我，她在机场附近的山坡上发现有一圈一圈的地貌图案，中间

北纬 80° 地区的石条现象

北极的多边形石环

还长着好多美丽的花草呢。老高告诉她那是朗伊尔城的天然花园。小孙追问道："那是什么现象？是怎么形成的？"我忍着疼痛说，这是一种典型的冰缘冻土地貌现象，那一圈一圈的图案，如果由石头组成，那就是石环，如果由沙土组成，那就是多边形土。形成原因是冻土中的水分长期反复融冻分选而成。如果地面有一定的坡度，就会形成条带状的石条或者石带，这种地貌现象在青藏高原、横断山脉以及新疆、青海、甘肃等地的现代冰川和古冰川作用区都有分布，既漂亮又壮观。

从机场回来的路上，高登义教授说他发现了一个秘密：刚来朗伊尔城的时候，他就注意到一道气流云层飘浮在朗伊尔城海湾的上空，即使是万里晴空，这道云层也不离不弃地平稳地飘浮在海湾上空。老高是一位细心严谨的科学家，最早对珠穆朗玛峰上的旗云进行科学观测的就是他，并且根据旗云强弱的变化规律对珠穆朗玛峰地区的天气情况进行过多次卓有成效的中短期天气预测。当我们从机场返回时，他突然发现那不是云层，而是朗伊尔城的火电厂高高的烟囱里冒出的烟尘，由于煤炭的质量好，燃烧率高，排出的尾烟很轻很淡，飘浮在海湾的上空与平时所见的雾气差不多，难怪大名鼎鼎的大气物理学家高教授也一度把它当成了海上云雾进行观测呢。今天空中有雾，与铺天盖地的海上雾气相比，朗伊尔城那座火电厂烟囱里冒出的尾烟就显得淡而无形了。

我十分佩服老高细心、严谨的科学态度。

暂时去不了新奥勒松北极科学城，考察队便安排大家去南边的俄罗斯城——巴伦支堡考察。

8月15日，星期四。早饭后大家乘汽车到朗伊尔城海港乘船，去南面的巴伦支堡考察。

码头和船只都属于挪威煤矿公司所有。在高登义教授的精心组织和安排下，煤矿公司为这次考察给予了很多帮助。高教授凭借他的人格魅力赢得了包括叶新教授和煤矿老板的友谊，给我们的考察带来了诸多方便。这是一艘不大的游船，可以载客72人，特别豪华。昨夜下了点小雨，今天天气还有些阴冷，有的人穿少了，不过船上有空调，可以在舱内取暖。游船径直向南开去，海面上还有一层薄薄的雾气，甲板上有些滑。天津日报社的记者小马为了抢拍一组海上景观的镜头，不慎滑了一跤，重重地跌倒在钢质甲板上，半天都没有缓过神来。在我们游船的左侧，不时可以看到从陆地蜿蜒流到海边的冰川，在稍远的海面上有几艘超大型的运煤船在薄雾中时隐时现。虽然是北纬近80°的北冰洋，却看不见些许的海冰和冰山，原来朗伊尔城所在的海湾是一个天然不冻港。按照大气物理学家高登义教授的解释，这正是北上的大西洋暖流所致。

船长在前甲板上安置了一张大桌子，桌子上摆满了各种点心、小吃，也有挪威白兰地和啤酒、果汁等饮料，一大堆北极产的冰川冰块可以随意取用，可以加在啤酒中，也可以加在白兰地里。大家一边照相一边频频举杯，好不温馨惬意！连刚刚摔了一跤的小马也忘了疼痛，一杯接着一杯地找人碰杯。船长养的一只纯白色的爱斯基摩狗，成了大家争相合影的对象。连续半个月的辛苦考察，难得有一个放松的机会，大家都很开心！女儿张怡华平时不喝酒，今天也破例小饮了几口，看见自己的女儿能够参加北极考察，我的心情自然比大家更高兴、更欢畅!

经过三个小时的航行,我们终于到达了距离朗伊尔城约 40 海里(1 海里等于 1.852 千米)的巴伦支堡。沿途我们边行驶边考察,还采集了浮冰样本。

巴伦支堡有苏联建立的一个煤矿公司。苏联解体后,就由俄罗斯接管了该矿的经营权。这里有邮局,有职工宿舍,有商店,有俱乐部,有储运码头,还有一座高大的列宁半身像纪念碑。在许多建筑物上面,还有当年用俄文书写的标语。

在巴伦支堡,我考察了那里的古冰川地貌,在一万多年前末次冰期时,这里几乎完全被冰川所覆盖,冰川末端一直延伸到了北冰洋海面上,由于巴伦支堡的海岸地带多呈陡峭的斜坡,因此流到陡岩边沿的冰川末端极容易断裂跌入海中,形成冰山。巴伦支堡所在地的山体,最高峰海拔达 990 米,一般山地海拔在 400 ~ 500 米,这在北极地区算是海拔比较高的了,一旦地球气候重新变冷,这一带就有可能再次被冰川覆盖。

巴伦支堡的煤矿给人一种衰落的感觉,我试图用俄语和上下班的工人打招呼,可是那些一脸煤黑的工人行色匆匆,毫无反应。有同行者提醒我说,这些人极有可能是流放的犯人。

岛上有一种植物长得很茂盛,叶子又宽又大,不过雪绒花已经开谢了。这里比朗伊尔城纬度偏南,又面向开阔的海湾洋面,小气候比朗伊尔城稍微暖和一点,因此节气就要早一些。

女儿花了 130 挪威克朗买了一对驯鹿角,还配着一个用西伯利亚红松做成的托架,只是工艺不怎么精细,权且作个纪念吧。

巴伦支堡的考察给人一种说不出来的感觉。我们还是想尽快到北极科学城去考察。

从巴伦支堡返回的第二天,天气预报说无论朗伊尔城还是新奥勒松,天气状况都容许飞机起降飞行。

当天上午 10 点 45 分我们从朗伊尔城机场起飞，11 点零 5 分就安全抵达新奥勒松机场。飞机属于挪威国王湾煤矿有限公司所有，挪威北极科学研究站（以下简称"挪威北极站"）也归该公司管理，公司的负责人是毕业于挪威卑尔根大学物理学和冰川学的莫尼卡·克林斯坦森·索拉博士，他还担任挪威北极站的站长。挪威北极站两位驻站女工作人员开车来机场接我们，送给我们每人一个资料袋，袋里有挪威北极站的科学研究资料汇编，还有一顶绣有"79° N Ny-Alesund"（即"北纬 79° 新奥勒松"）字样的北极科学城考察志号帽。对于科学研究人员来说，资料无异于最基本的营养元素，志号帽则具有纪念意义。

多年的冰川科学探险考察，我到过世界上许多常人到不了的地方，比如天山最高峰托木尔峰地区、喀喇昆仑山乔戈里峰地区、西昆仑山、珠穆朗玛峰地区、雅鲁藏布大峡谷地区，还有南极、北极，在这些特殊的地区进行科学考察，都会有当时野外作业的装备留下来，包括志号帽（印有考察队名称的考察帽）、登山服，还有冰镐、雪杖，当然还有许多第一手科学资料，包括日记、照片、集邮信封、来往信件……我一直将它们视为珍宝，要是办展览的话，可以陈列两个展室。

新奥勒松是由挪威国王湾煤矿有限公司管理的世界上唯一的北极国际科学城，这里有世界上最北端的邮局。在这块仅有 342 平方千米的地方，先后建起了挪威、日本、德国、英国、法国、意大利、美国、韩国等北极科学考察站。

新奥勒松也是一个煤炭产区，早在 1901 年该公司就开始在这里开采煤炭并且建立了厂房。由于事故频繁发生，煤矿开开停停，停停开开，一直到 1968 年，挪威政府才决定在这里建立北极科学城，于是新奥勒松的煤炭资源永远被埋藏在地下。

在新奥勒松所有的北极科学研究站中，以挪威北极站的规模最大，其

在北极科学城遗留的当年运煤炭的火车头

常规观测内容和项目颇多，包括陆地生物学、海洋生物学、冰川学、陆地和海洋地质学、土壤地球化学、地球物理学、海洋地貌学和环境监测等。

为了整合资源，协调各国在北极的科学考察研究活动，在新奥勒松还成立了国际科学管理委员会，成员由北极科学城的各国科学家组成。

我们在北极科学城先后参观了挪威北极站、美国北极站、韩国北极站和日本北极站。美国在这里设有一万米高空大气物理研究观测项目，挪威北极站和德国北极站利用原子钟的高精度性能，通过火星的轨道与极点的位置之间的变化来测定地球大陆漂移的速率，到我们考察时为止，已经发现斯瓦尔巴群岛以每年 1 ～ 2 毫米的速度向北冰洋的西北方向运动。

由于时间已经到了 8 月中旬，北极的冬半年极夜就要来临，北极科学城的许多研究人员已经离站回国。韩国北极站留下的人员姓姜，他在留站期间要负责站内所有的常规观测项目，好在所有仪器都是自动观测，只需要维护就行。

我对日本北极站特别留意。日本北极站是由日本极地研究所负责筹建和组织派人驻站工作的，原所长渡边兴亚教授是我的好朋友，他曾经邀请我参加过由他任队长的日本第 29 次南极科学考察，还许诺说将在我方便的时候邀请我参加日本北极站的科学考察工作。后来因为我实在抽不出时间，也就未能如愿。谁知山不转水转，我竟然不请自来，老高、我和女儿张怡华等人兴致勃勃地来到日本北极站内参观访问。

日本人是最认真、最精细、最善于工作的，别的站大多人去站空，可是日本北极站还有多个专业的科学家仍然坚守岗位，坚持工作。接待我们的是两位女科学家，她们是专攻医学生物学的。我和她们谈起许多日本朋友，有些人她们不认识，可是说起大名鼎鼎的渡边兴亚，她们一个劲地点头，因为渡边兴亚已经连任了两届日本极地研究所所长。

渡边兴亚教授是我国改革开放后被邀请的首批到中国参加中日合作的日本科学家，我以秘书的身份负责中日双方相关科学考察事宜和冰川与环境的研究工作，从那时起我们就建立了长期的友好合作关系，并成了好朋友。

在北极科学城挪威北极站前有一个中心广场，那里矗立着近代探险家阿蒙森的半身铜像。怀着对先驱的崇敬心情，我和女儿张怡华在这位率先到达南极极点的英雄像前默默地祭拜了三分钟。

阿蒙森，1872 年出生于挪威首都奥斯陆，1901 年前往格陵兰从事北极海洋研究，在 1903—1906 年曾驾驶单桅帆船通过北极西北航道，即从大西洋通过北冰洋到太平洋的途中，在威廉王岛上发现了当时的北磁极与 60 年前英国探险家约翰·罗斯所确定的北磁极位置不同，于是人们才知道地球的磁极点是游离不定的。阿蒙森除了对发现斯瓦尔巴群岛有贡献之外，他一生最伟大的功绩莫过于率队首次成功到达南极点！虽然他出生于挪威，也曾多次出没于北冰洋各地，却没有到达北极点，那是因为当他立志要亲赴北极点探险考察时，已经有人先于他成功到达了北极点。阿蒙森是为南极而生、为

北极科学城的探险家阿蒙森塑像

北极而死的探险英雄。1928年6月18日，在完成对北极探险家、意大利航空工程师U·诺比等人的营救返回斯瓦尔巴的途中，阿蒙森自己驾驶的水上飞机不幸罹难于巴伦支海中。

阿蒙森被挪威尊崇为民族英雄。

北极科学城有完善的科研、生活供电系统，由于不能有一丁点儿的污染，发电工艺要求非常严苛，所以电力成本极高，当时每度电的收费标准为162克朗，比当时国内电力价格高出了300倍以上。

无论是朗伊尔城还是新奥勒松，抑或是巴伦支堡，都是用当地的煤炭资源作为火电站的燃料，所有政府部门、科学研究单位和居民全都用火电厂的电力作为照明、取暖和工作生活的能源。虽然火力发电厂会释放二氧化碳等尾气烟尘，非但不会对当地环境造成危害，还有可能为当地的碳平衡形成有利的影响，也就是说，为北极地区的植物生长提供了较为充足的二氧化碳资源。

有一个问题让我思考了多年，那就是关于碳排放的问题。

人类和动物缺了氧气不行，可是植物缺了碳，尤其缺了二氧化碳，那是绝对不行的。

我发现无论走到哪里，只要有人类活动的地方，比如海拔5800米的长江源头岗加曲巴冰川末端，生长在牧民帐篷附近的植被总比其他地方的茂盛一些。像北极的新奥勒松科学城，还有朗伊尔城、巴伦支堡，由于有人类活动，只要人们不去破坏，不去践踏，住房附近的植物一般都要好于别处。

现在，无论是科学家、政治家，还是老百姓，关心的是环境污染问题，是生态平衡问题，突然有人提出一个低碳问题，大家一定会感到新鲜。那么地球上如果碳元素或者二氧化碳少了行不行？答案是肯定的：不行，绝对不行！如果地球上的二氧化碳含量降低了，那我们的绿色家园就会受到严重的影响，森林、草原、谷物等一切需要二氧化碳的生物，都将面临毁灭性的灾难。地球需要的是碳平衡，人类需要更为绿色的地球，而地球的绿色就需要大量森林、草原和一切植物的繁衍生息，如果缺少了二氧化碳，所有的植物就会有生存危机。就像在青藏高原上，人类缺氧就要发生高原反应一样，植物缺二氧化碳，同样会出现生存危机。

有时我会想，为什么高山高原上的植物都长不好，除了高寒缺乏必要的热量以外，是否也和缺乏二氧化碳有关系呢？其实，广袤的青藏高原就是一个极度低碳的地方，尤其是藏北高原，如果在那里增加一定数量的二氧化碳含量的话，是否会对青藏高原的植被生长有所帮助？如果青藏高原的植被状况有了好转，那里的氧气含量就会有所提高，从而会从根本上改善青藏高原上人类居住的氧气环境。

最起码，可以在西藏的某些地区做做科学实验吧。

再说斯瓦尔巴

　　8月26日，星期一，趁着下雨我在宾馆图书馆借了一本关于斯瓦尔巴群岛的《鸟类和兽类动物》的书来阅读。在斯瓦尔巴群岛上聚集着北冰洋地区最大最多的鸟类种群，大概有数十万只。在一个礁岩岛上生活着数量众多的小海燕和管鼻燕。沿着斯瓦尔巴群岛的海岸线和苔原冻土带，可以看到有许多美丽的天鹅和夹心饼干鸟栖息在那里。还有为数不少的棉凫鸭在岛礁上筑巢。有一种叫斯瓦尔巴雷鸟的松鸡，是在斯瓦尔巴越冬的唯一鸟类。除鸟类之外，斯瓦尔巴还有北极狼、北极狐、北极熊和驯鹿等大型哺乳动物分布；附近的海域还有海象、海豹、海狮和北极鲸出没。仅北极熊，在斯瓦尔巴群岛上就有 5000 只左右，比在这里长期生活的人类还要多。

　　经过科学考察认定，目前岛上有 4 种大型陆地哺乳动物（即北极狼、北极狐、北极熊和驯鹿），有 160 多种鸟类，有 164

北极具有保护色的鸟儿

北极燕雀

北纬 78° 地区的麻黄类植物　　　　　　分布在北纬 78° 地区的北极蘑菇

种植物。

　　斯瓦尔巴群岛是距北极点最近的人类居住地之一。南距挪威最北的陆地约有 657 千米，距挪威最北端的飞机场所在地——特朗瑟大约有 930 千米。

　　如果说斯瓦尔巴群岛是北极地区或者北冰洋中的一颗耀眼之星，一点儿也不夸张。格陵兰岛是北极地区最大的岛屿，也是北极地区最大的现代冰川覆盖区，可是其西南部的戈特霍布地区却位于北极圈以南，并处在大西洋的三面包围之中；加拿大北部有一些岛屿，比如巴芬岛、维多利亚岛，还有俄罗斯北部的新地岛和北地群岛，虽然都在北冰洋中，但是都离大陆太近，没有像斯瓦尔巴群岛如此深入地接近地球的最北端。所以说斯瓦尔巴群岛是一艘停泊在北冰洋中的天然超巨型航空母舰，似乎更有道理。

　　斯瓦尔巴群岛位于北纬 74°—81°、东经 10°—35° 之间，总面积为 63000 平方千米。现代冰川总面积约为 37800 平方千米，占全岛总面积的 60%。斯瓦尔巴群岛主要由五个大的岛屿组成，分别是主岛西斯匹次卑尔根岛、东北地岛、巴伦支岛、埃季岛以及卡尔王地群岛。此外还有许多小岛散布在海域之中。在斯瓦尔巴群岛的南面还有一个熊岛，也属于斯瓦尔巴群岛。另外还有希望岛、卡尔王岛。

　　位于群岛西南的西斯匹次卑尔根岛面积最大，为 39044 平方千米。岛内最高峰牛顿峰，海拔 1712 米，位于岛的中北部，这里也是群岛上面积最大的现代冰川作用中心，冰川形态以冰帽冰川和山谷溢出宽尾冰川为多。此外，在新奥勒松东北部还有一座埃兹沃尔山，海拔为 1454 米。在群岛南面还有一座胡恩松峰，海拔 1431 米。它们是斯瓦尔巴群岛上的三座高峰，也是群岛上三个最大的现代冰川作用区。

斯瓦尔巴群岛长年的平均气温为 7° C，最低气温 –22° C（以朗伊尔城和新奥勒松多年的观测资料为依据），这自然与大西洋暖流对该地区的影响有关，致使这里的气候并非想象得那般寒冷。就朗伊尔城而言，冬季平均气温为 –14° C，夏季平均气温为 6° C。1986 年 3 月，曾经观测到极低气温为 –46.3° C，1979 年 7 月最高气温曾达到 21.3° C。多年平均降水量不太大，只有 200 ～ 300 毫米，降水季节主要为冬半年，大量的降水都是固态的雪，广袤的雪面由于具有强烈的反射作用，不仅大大地减少了夏季太阳辐射时的

斯瓦尔巴群岛西北（北纬 80° 左右）犹如丝绸般平静的北冰洋海湾

蒸发，同时固态降水更有利于冰川积雪的堆积。

岛上的主要矿产有煤矿、铁矿、磷灰石矿、石油和天然气等。岛上
6%～7% 的土地上有植物生长，为了更好地保护包括北极熊在内的所有动
植物群落和北极岛上的特殊生态环境，目前在斯瓦尔巴群岛上设立了三个国
家级公园、三个自然保护区、三个植物保护区、十五个鸟类禁捕区。除了有
限地开发煤炭资源以外，斯瓦尔巴群岛几乎再没有其他大型的经济活动。

朗伊尔城是斯瓦尔巴行政区的首府。由挪威政府任命的总督在此行使
权力，每届总督任期三年。在总督之下设有一位煤矿矿务专员，负责管理当
地煤炭资源的开发利用。

群岛上的常住居民大约有 3000 人，主要有挪威人、俄罗斯人、乌克兰
人。而俄罗斯人和乌克兰人的数量占到 60% 以上。其中朗伊尔城的常住居
民大约有 1500 人，巴伦支堡大约有居民 900 人；在新奥勒松国际科学城大
约有 50 人。随着后来中国北极黄河站的建立和运行，在北极科学城的常住
人口有望突破 100 人。在斯维诺瓦煤矿有常住工人和管理人员 210 人左右，
设在朗伊尔城附近的波兰研究站，常住 10 人左右。

斯瓦尔巴群岛和西面的格陵兰岛之间的格陵兰海、挪威海以及大西洋
外海的大海峡，是环北冰洋陆地和岛链的大通道。由于这个大通道和环北冰
洋若干个岛陆之间的大小海峡的存在，使北冰洋和大西洋、太平洋之间的水
域互相连通，不仅形成了世界上三大海洋物质和热量互相融合交流的通道，
而且使许多海洋生物获得更大的繁衍生息空间。同时由于包括斯瓦尔巴群岛
在内的欧亚大陆和若干岛屿的阻隔，又使北冰洋形成了一个相对封闭、相对
独立的海域，形成了地球上仅次于南极洲的又一个影响世界气候尤其是影响
北半球气候变化的冷能储藏区。

再说北极

和南极一样，北极有两个概念，一个是专指北极的极点，另一个是指北极地区。

北极地区包括北极圈以北的所有海域和陆岛区域。海域自然指的是北冰洋，而陆岛区域指俄罗斯、欧洲、加拿大深入北极圈以北的地区和美国的阿拉斯加地区以及北极圈以内的所有大小岛屿。

从地理位置上讲，北极点是处于北纬 90°的地方。由于北纬 90°的地方是北冰洋海冰覆盖区，无论海水、海冰都是处于不断运动之中，如果科学家或者测绘人员说他们到达了北极，并且测出了北极点，就在说话之间，他们却因为运动的北冰洋和漂浮在北冰洋上的海冰而"游离"了北极点。北极点所处的北冰洋水深达 3000 米以上，海冰的平均厚度却只有 5 米。截至目前，还没有关于北极点的海冰有融化的记载。

南极点处于南极冰盖之上，那里的海拔高度为 3360 米。和南极点不同的是，北极点的海拔高度应该为 0 米，如果考虑到海冰的厚度，那也就是 5 米。第一个到达北极点的是一个美国人。1909 年 3 月，美国海军上将罗伯特·皮尔里带着

他的仆人马休·汉森和四个因纽特人，乘坐由40只爱斯基摩狗拉动的满载食物、装备的五辆雪橇车，从戈比亚岬地出发，经过大约240千米浮冰冰原的艰难行军后，皮尔里和他的同伴们首先到达了距北极点还有8千米的地方，罗伯特测量了该地的地理位置为北纬89°57'，眼看就要完成人类历史上的壮举了。在同伴们和爱斯基摩狗的帮助下，罗伯特·皮尔里一鼓作气，登上了北极点，并在北极点上插上了美国国旗。在国旗的一角，这位美国海军上将写道："1909年4月6日抵达北纬90°，皮尔里。"

有确切记载的中国人最早到过北极的时间为1951年。这年夏天，中

北极冰川和北冰洋

北极是影响地球气候的冷源区之一

国武汉测绘学院的高时浏先生曾经到达北纬 71°、东经 96°地方，对当时的北磁极进行过测量；1958 年，新华社驻苏联新闻记者李楠乘坐苏制伊尔 14 飞机从莫斯科出发，先后在苏联的北极第七号浮冰站（北纬 86° 33'、东经 64° 24'）和北极点着陆，成为第一个到达北极点的中国人。

　　而作为科学考察第一个到达北极的科学家，应该是高登义教授。

　　1991 年 7—8 月，受挪威卑尔根大学叶新教授的邀请，高先生参加了由挪威、苏联、冰岛和中国科学家组成的北极国际科学考察队，对北极的斯瓦尔巴群岛以及相关区域进行了一个多月的科学考察。

　　此前作为高先生的学生、北京大气物理研究所的邹捍教授，曾于 1990 年夏天作为交流学者来到挪威卑尔根大学师从叶新教授进修极地气象学。

　　作为北半球主要冷源的北冰洋和北极地区的冰川，对北半球的气候环境和季节变化有着十分明显的影响。一方面，由于北极的纬度高，太阳辐射的高度角非常小，换句话说，与南极地区一样，整个北极地区就是一个没有太阳直射的地区，越接近极点，太阳光与地面几乎呈平行状态，因此北极和南极是接受太阳辐射最少的区域。另一方面，即使有一些太阳辐射，因为大面积的北冰洋海冰和格陵兰岛、斯瓦尔巴群岛上的冰川积雪，对本来就不太强的太阳辐射产生了强烈的反辐射，这就为北极地区成为地球的冷源区奠定了冷能基础。

众所周知，赤道地区是地球上接受太阳辐射最强烈的地区，它与亚热带、温带构成了地球表面的最大热源区，如此一来，南极、北极与热带、亚热带、温带之间的大气系统和海洋系统要进行热量交换。在热量交换过程中，就会对地球各地的季节变化和气候环境产生重大影响，尤其对我国的季风气候有着密切的影响。如果北极海冰面积大了，海冰厚了，那就说明北极的冷空气气团有更强大的能量，于是就会产生向低纬度南下推进的寒潮，此时我国大

梦幻般的北极景色

部分地区就会发生强暴风雪的天气过程，降温、霜冻等灾害就可能随之发生；如果北极地区的海冰大面积萎缩，那么，欧亚大陆上空的气流云团就会受到赤道附近热带高温气流大幅度北上的影响，此时我国大部分地区就有可能发生高温少雨或者高温干旱、雨量过于集中而发生强暴雨等天气过程。

多年来的研究表明，如果想让人类居住相对集中的北半球风调雨顺，气候波动变化不大，就必须使北冰洋海冰的厚度、面积以及海水的温度大致保持在一个基本平衡或者变化幅度不太强烈的状态。而要达到这种平衡，除了地球和宇宙本身的因素外，人类必须从每一个细节、每一件小事做起，热爱自然，保护环境，节能减排，极大地减小对气候环境的人为干扰。

再说朗伊尔1号冰川

ZAI SHUO LANGYIER 1 HAO BINGCHUAN

广义的冰川学指对地球上的一切冰物质形态为研究对象的学科，包括海冰、河冰、积雪、冻土冰等等，也称冰冻圈科学。目前我和同事们所研究的冰川学，只是以极地冰盖和山岳冰川（即冰河）为研究对象，即狭义的冰川学。

极地冰盖和所有的山岳冰川，都是具有积累区、消融区，随时处于运动状态之中的冰川地貌体。位于斯瓦尔巴群岛上的朗伊尔1号冰川，也是如此。

从北极考察的第一天即 2002 年 7 月 26 日，我上到朗伊尔 1 号冰川，对冰川的动态变化开始观测以来，直到 9 月 2 日进行最后一次观测，时间持续近 40 天，除了去新奥勒松等地外出考察，几乎每天我都要上一次 1 号冰川，对在冰川上的观测点进行地理定位记录和地貌形态的描述。这种比较详细而连续的野外考察，即使在我国西藏的冰川上考察，也不过如此。

冰川看上去静如处子，是那么安详，那么温顺。走在上面，你会顿觉心旷神怡，冰冷的冰川会让你浑身的热汗得到收敛，洁白的积雪会让你行军的疲劳得到舒缓，通透的冰晶会让你的灵魂得到净化，茫茫的冰原会让你的思想得到升华。

然而冰川是动态的，不停的运动赋予了它永恒的活力和无穷的"生命"。

壮观的北极冰川

　　当你匍匐在冰川表面的时候，你会听见有一种声音在与你交流，这声音有时候是细细的，有时候是隆隆的，有时候如丝竹之声，有时候又似鼓角齐鸣甚至狂风暴雨。

　　"是"又"不是"，这是哲人在阐述世间万物处于不断的变化之中时简单而深奥的表达。这种表达用在冰川上真是恰如其分。当你注视着冰川上任意一粒冰晶体的时候，在阳光的照射下，它也许就像天空中瞬间划过的一颗流星，会突然变成液态的水珠；此刻一阵寒风刮来，那粒水滴又像变魔术似的顷刻变成了晶莹剔透的冰晶体。当你静静地躺在洁白无瑕的冰川上，你不觉得这冰川在运动，实际上，任何冰川下游的冰川冰都是从上游源源不断运动而来的，一天也许会运动几十厘米、几米，只是你感觉不到而已。朗伊尔1号冰川也不例外。

　　站在1号冰川的消融区向积累盆地望去，可以看到那里有丰富的积雪，正是那些丰富的积雪在地球的重力作用下，或者在适度的融化再冻结作用下，雪变成了冰，然后沿着山谷缓慢地越过雪线向下流动，经过动力变质后的 1 号山谷冰川看上去像一条蓝宝石矿脉，镶嵌在北极的群山之中。冰川的运动，人们用肉眼是很难感觉到的。假若冰川不运动的话，那么消融区的冰是从何而来的呢？一般而言，冰川消融区的冰体总是处于消融状态，如果没有上游冰雪物质的不断补充，冰川很快就会消融殆尽，世界上就不复存在冰流四溢的壮丽地貌景观。

除了冰川体本身的运动，还有冰川融水的运动。在朗伊尔 1 号冰川上，冰川融水将冰面冲蚀成一条又一条的冰面河，冰川融水从涓涓细流汇集成奔腾咆哮的冰面河，使朗伊尔 1 号冰川在整个夏季消融季节里显得生气勃勃。令人奇怪的是，面对轰鸣涌突的冰面河，我却丝毫没有喧嚣的感觉。不像生活在钢筋水泥的大城市里，尽管灯红酒绿、火树银花，可是一年四季，无论白天黑夜，人们都处于高分贝甚至超分贝的噪音包围之中。在冰川上，如果

角峰林立的北极冰川区

冰川的消融景观

你想听冰川音乐，你就会聆听到各种各样的音阶音调；如果你想静静地思考问题，你就会有一种万籁俱寂的意境。

从第一次在1号冰川上定点观测以来，之后每一次重复观测我都会发现，原来设定的点位都有或多或少的变动，虽然存在观测误差，可是一旦这些误差有明显的规律性，那就证明这些点位的的确确发生了位移，发生了运动。我每天都要将野外观测记录画成剖面示意曲线以便对比、参照。这些剖面中有横贯冰川表面的横断面线，有每个点位的地理坐标经纬度，有每个点位的海拔高度值，还有观测时间和天气状况等。

从横断面线的形态看，几乎都是向下呈凹形，这是北极地区冰川消融区的常见现象。由于夏季的连续消融，上游的来冰量又来不及补充，因此消融区的冰川表面必然表现出冰量亏损的凹陷现象。这种亏损凹陷现象将会在冬季的积累中得到补充和恢复。图中的海拔高度、经纬度的读数精确到微秒，如果将两次以上的经纬度读数进行几何换算，就可以得出每个点的运动数据。

朗伊尔1号冰川和许多山谷冰川一样，越是到了消融区下游，冰川表面的表碛石块越多，这是冰川运动和冰川运动速度的空间分布差异的结果。由于越到冰川消融区的下游，冰川运动的速度越慢，到了冰川末端的时候，冰川运动速度为零，也就是说冰川停止运动，所以从上游和冰川底部运动而来的表碛石块因为冰川运动速度的减缓、停止而富集起来，以至于在冰川末端区域可以见到像山一样的表碛丘陵，一座一座相连，规模像金字塔一样，很壮观。许多人把它们错误地当成冰川即将消亡的证据，这是不科学的。任何一条冰川在整个"生命"过程中，都会对所在的谷床基岩进行地质地貌的侵蚀风化作用，并将侵蚀风化的石块（即冰碛）运动到冰川的下游，在冰川的表面富集起来，这就是冰川的表碛。

朗伊尔1号冰川的末端堆积着一座高高的终碛垄，终碛垄的基底部位有一些冰川融水渗出，虽然冰川的运动速度在这里已经趋于零，不会直接对冰川末端产生多大的影响，可是终碛垄的基底一旦由于冰融水引起滑动，就有可能使冰碛发生溃决性位移。如果有足够的雨水或者冰川融水，就会发生冰川泥石流，这应该是朗伊尔城当局值得密切关注的事情。在此提出来，以便引起再去考察的中国科学家们的注意，如果有机会还可以向当地政府有关部门提出建议，加强对包括朗伊尔1号冰川在内的有人类活动的区域内冰川末端冰碛物的科学研究和动态观测，以防患于未然。

8月27日，就在我完成了对1号冰川的定点观测准备下冰川的时候，在冰川末端的厚冰碛区观察到一场局部的冰川泥石流，只见一处看似不动的冰碛丘陵突然轰然塌下，声音响处，冒出一阵灰黄色的烟尘，随即就是浓浓的泥浆伴随着互相挤动的冰碛石块顺着泥石流龙头冲开的冰碛沟槽向下游汹涌而下。我拉着女儿张怡华迅速朝旁边的高处跑去，才避免了一场突如其来的泥石流灾害。所幸只是一场小规模的冰川泥石流，要是哪天遇上整个冰川末端堆得像山一样的冰碛垄在足够的冰川融水浸泡下饱和了，一旦发生滑动酿成冰川泥石流，不仅身在其中的人员会遭遇灭顶之灾，就是整个冰川下

冰川退缩后出露的光滑状侵蚀地貌

游沿岸的桥梁和相关设施也极有可能受到不同程度的威胁。

这种由于充足的冰川融水和丰富的冰川冰碛物形成的冰川泥石流灾害，在我国西藏的东南部和横断山区时有发生。2000 年 5 月发生在易贡沟的一次特大型冰川泥石流，就造成了易贡湖的全面溃决，冲毁了易贡流域和下游的帕隆藏布流域数十座桥梁，毁坏了沿途大量的原始森林，甚至导致下游的邻国也因此洪水泛滥成灾。

朗伊尔城有关部门通过每年的"深淘河床"，将多余的河床堆积物及时清理出去，在一般情况下，可以保障朗伊尔河两岸的人类活动和相关设施不受影响，可是一旦发生一条沟谷或者多条沟谷的冰川溃决性泥石流，目前的河床容量恐怕远远不能应付来势凶猛的泥石流物质的横冲直撞和肆无忌惮的破坏力了！

这就是冰川，这就是冰川的特质。它们在静的时候，纹丝不动。比如朗伊尔 1 号冰川，在每年的消融季节里，它可以源源不断地将大量的融水和冰碛物流入和搬运到河谷之中，在连续晴好天气下，河水上涨到两岸的公路

140

边，常常是浊浪排空；可是一旦天气连续转阴，河水水位顿时降落，甚至可以徒步涉水过河。时至 8 月底 9 月初，极昼即将结束，极夜即将来临，朗伊尔 1 号冰川末端已经出现冻结现象，虽然冰川的消融不会马上停止，但是下游的朗伊尔河水位已然明显地减小了。到了 9 月底 10 月初，随着冰川消融的全面停止，朗伊尔河就会进入枯水季节。

9 月 1 日，星期天，我仍然坚持上冰川进行冰川和水文的观测。天空下着毛毛细雨，透过薄薄的雨雾远望附近的山坡，只见阵阵雪片随风飘舞，季节雪线在半山腰画出了一道银白色的界限，像一条长长的哈达翻飞在北极的群山之上。朗伊尔河水量明显减小。中午时分在俄罗斯赫斯特酒店附近的桥面上，我对朗伊尔河流量进行了观测，发现流量为每秒 0.31 立方米。下午 5 时再次观测时，我发现河水流量已经变化为每秒 0.29 立方米。该桥的过水断面为 8.55 米，桥高 2.1 米，桥面中心位置为北纬 78° 12'、东经 15° 35'。

再见，朗伊尔城

ZAIJIAN，LANGYIER CHENG

9月5日，星期四，阴有小雪。早饭后，我将一些考察仪器、器材和生活用品分别装箱，存放在叶新教授的家中。我还在箱子的外面写好说明，以备再来北极时取用，或者别的科学家需要时也可借用。其中有一套埋设冰川观测标杆的麻花钻和剩余标杆若干，还有一些完好的生活用品，包括厨具、餐具和生活用品等等。

一切收拾停当，当地时间12时40分，队长高登义教授宣布中国伊力特·沐林北极科学探险考察站闭馆，几个年轻人上到三楼阳台上把写有"中国伊力特·沐林北极科学探险考察站"的红色横幅取下来。我建议保存好，将来和国旗一同送到李乐诗的极地博物馆收藏。下午3时40分，我们办好了一切必要的手续后，登上了飞往挪威首都奥斯陆的飞机，中间照例在特朗瑟停留40分钟，傍晚8时20分抵达奥斯陆机场，然后乘大巴下榻彩虹酒店。

回到奥斯陆，重新感觉到"一天"的概念，那就是夜晚应该是黑的，白天应该是亮的。

9月6日，我们在奥斯陆参观了一天。

9月的奥斯陆，早晚比较凉，中午仍然可以穿衬衣外出。我们先后参观了挪威的王宫广场、海湾古堡、传统帆船展览馆（挪威是世界上造船业最为发达的国家之一）、奥斯陆大学、中心公园和著名的铜像雕塑群。

在奥斯陆大学校园里，我看到草坪四周长满了红豆杉树，密密的，矮矮的，修剪得整整齐齐，像一堵堵绿色的墙；可人的小红豆在秋天阳光照耀下泛着红宝石般的光泽，红豆上那神奇的种脐就像一扇微微开启的窗户，隐隐地告诉人们，那里孕育着冰期孑遗植物的生

可人的小红豆

命密码。在雅鲁藏布大峡谷徒步穿越科学考察时，在大峡谷无人区我发现了那里有大片原生喜马拉雅红豆杉生长分布。经过研究，这些红豆杉几乎每个部分，包括茎根、芯材、树皮、树叶、红豆都可以提取一种叫紫杉醇的药物，对治疗多种肿瘤，尤其是对妇女的子宫癌和乳腺癌有特别的疗效。不知道挪威的红豆杉是否与我国的红豆杉有同样的临床药用价值。

9月7日，星期六，我们乘坐上午8时40分瑞典航空公司的波音737经过40多分钟的飞行，在9时30分前抵达瑞典首都斯德哥尔摩国际机场，我们被安排在距离瑞典王宫和市政大厅很近的一家如意栎树酒店。

下午，我们参观了斯德哥尔摩市区许多古典建筑以及停靠在海湾的中世纪海盗船。这些曾经令航海者闻之色变的海盗船，长50米，两头高高翘起，被油漆成棕黑色，高高的桅杆上挂着白色的船帆，似乎随时都可以起航出发。

瑞典王宫庄严而雄伟，站岗的卫兵和巡逻人员身穿短迷彩服，脚穿白色筒靴，显得庄严而威武。

斯德哥尔摩市政大厅是一个值得一去的地方，每年一届的诺贝尔奖就是在这里颁发。到目前为止，已经有不少的华人获得了诺贝尔奖。作为中国人，似乎更在乎在中国大陆土生土长并做出重大的科研成果者获得诺贝尔大

奖。近年来，莫言获得诺贝尔文学家，屠呦呦获得诺贝尔生物学或医学奖。这在某些程度上更加鼓舞了国人获取诺贝尔奖的劲头。

斯德哥尔摩市政厅建于 1911—1913 年，这座充满瑞典浪漫民族风格的雄伟建筑，外表由八百万块红砖砌成，里面拥有众多的办公室、会议厅和宴会厅。其中蓝厅和市议会大厅最为著名。不过蓝厅并不蓝，而是红砖的本色。按照设计师最初的想法，蓝厅是以象征安详贵气的蓝色为主基调，可是当他看到红砖的富丽堂皇甚至更有意想不到的美感时，便放弃了原来的设计理念，舍不得再将蓝色的马赛克贴在红色的

作者在瑞典斯德哥尔摩市政大厅前

砖墙上。不过为了纪念他当初的设计灵感，还是将该大厅命名为"蓝厅"。蓝厅正是一年一度颁发诺贝尔大奖后大宴宾客的地方。蓝厅内安放着北欧最大的一台管风琴，共有 10000 多根风琴管和 138 根风琴弦。

而诺贝尔，这位世界级的伟大科学家，1833 年出生在斯德哥尔摩的一个小镇上。诺贝尔先后在俄国、美国、德国、英国和法国居住、学习和工作过，晚年迁居意大利圣雷莫城，就是在这个小城，他签署了一生中最为重要的文件——遗嘱：将他一生的全部财产捐出以作为对世界对人类有重大贡献的科学家的奖励基金，这就是诺贝尔奖。根据他的遗愿，诺贝尔奖的颁发总部设在了他的故乡——瑞典首都斯德哥尔摩，设在了斯德哥尔摩市政大厅里。

市议会大厅是斯德哥尔摩议会成员每两周一次（星期一晚上）开会的地方，开会时可以让 200 人前来旁听。

平时，斯德哥尔摩市政大厅对游人开放，每天开放的时间是 10 点和 12

点，夏季还增加了 11 点和 14 点。

斯德哥尔摩市区不少公园和街道都有用花岗石铺砌的路面，人走在上面很舒适，开车在上面行驶速度不会太快，让人感到安全、放松，不会有风驰电掣的压抑和紧张。

9 月 8 日，星期日，又是一个晴好天气，上午 9 时 30 分我们从斯德哥尔摩机场出发，于 11 时 10 分抵达芬兰首都赫尔辛基，又于当地时间下午 6 时 30 分乘坐芬兰航空公司的飞机，经过漫长的空中旅行后，于 9 月 9 日凌晨 6 时 30 分抵达北京首都机场，我们终于返回了祖国。

又赴北极

2014年夏天，我受挪威海达路德邮轮公司中国总代理刘结先生的邀请，作为科学顾问，参加了以"北极气候之旅"为主题的北极科学探险考察。其成员主要是来自中国的中小学生和家长，也有一些是追梦极地、体味自然的旅游爱好者。

我们于7月14日上午11时35分，乘坐芬兰航空公司航班从北京首都机场起飞，经过8个小时飞行，平安降落在芬兰首都赫尔辛基机场。

芬兰是个典型的北极国家，大约1/3的国土在北极圈内，位于南端的首都赫尔辛基，其纬度是北纬60多度。要是在南极，这个纬度的不少地方都是和南极大陆连为一体的冰天雪地，是一般人难以接近或者无法到达之地。芬兰号称"千湖之国"。在芬兰上空鸟瞰，可以发现大大小小的湖泊好像一颗颗蓝色的珍珠，镶嵌在美丽的大地上。根据冰川学可知，它们都是第四纪冰川形成的冰蚀湖泊。看到赫尔辛基那繁华的街道，市政府那透明的玻璃办公大楼，还有那绿树红花，难以想象，这里曾经是冰川覆盖的地方。

芬兰东临俄罗斯，西北与挪威和瑞典接壤，西面临波的尼亚湾，南接芬兰湾。在17世纪以前，芬兰曾经属于瑞典王国。1812年，俄国占领了芬兰，芬兰成了俄国的一个大公国。1917年，俄国十月革命胜利后，芬兰于1917年12月18日宣布独立，成立芬兰共和国。

我们下榻在总统饭店，二星级，但是其硬件和服务设施均超过国内的三星级酒店，卫生间都有达标的纯净水供客人直接饮用。

据说，总统饭店是日本著名电影演员高仓健的亲戚所开。里面有一家日本人经营的珠宝店，有大量的琥珀和琥珀饰品出售。这些琥珀大多产自欧洲波罗的海沿岸。可是令人大跌眼镜的是他们的宣传广告："这些琥珀产于地球太古代。"对地球的地质历史有所了解的人都知道，距今38亿～25亿年前的历史称为"太古代"，那时的地球地层中只有一些丝状微化石存在。众所周知，琥珀是松柏科植物的树脂滴落后，在地层高温高压下形成的一种化石，它的形成年代距今9000万～4500万年，是白垩纪晚期到第三纪的产物，和太古代一点关系都没有。

出了总统饭店，步行就可以到天鹅湖、西贝柳斯公园、国会大厦、市政大楼和赫尔辛基火车站等地游览。

在赫尔辛基停留的时间很短，我们去了附近的天鹅湖公园、西贝柳斯公园，还参观了市政厅那一尘不染的玻璃大楼。

天鹅湖和其他天然湖泊一样，都是古冰川留下的冰蚀湖泊。在天鹅湖岸边一处草坪上，有几块巨硕的砾石，那应该是古冰川漂砾了。在古冰川漂砾附近还可以看见保存完好的鲸背岩，这也是古冰川留下的遗迹。

在北极地区的周边，包括北欧、北美加拿大北部，还有亚洲西伯利亚甚至我国大兴安岭一带，在第四纪冰期都曾经被广袤的冰盖冰川覆盖。沧海桑田，气候变迁，地貌景观就会留下诸多冰川遗迹。通过这些地貌景观遗迹，我们可以知道地球的过去，通过地球过去曾经发生的事件，就可以预测地球未来将要发生的某些变化。

说到世界级的音乐大师，人们可能知道奥地利的莫扎特和施特劳斯，德国的贝多芬和舒曼，俄罗斯的柴可夫斯基等。其实，在芬兰也有一位与前面几位齐名的音乐大师，他就是芬兰家喻户晓的作曲家西贝柳斯。

作者在管风琴纪念雕塑前

作者在西贝柳斯头像前

赫尔辛基有一个以著名音乐家西贝柳斯命名的国家公园。

在西贝柳斯公园，有·座用暗红色基岩做底座的巨型头部雕像，这就是著名的音乐家西贝柳斯的头像。在西贝柳斯头像不远处有一座巨石，在巨石上芬兰人用600根不锈钢管做成巨大管风琴——西贝柳斯纪念雕塑。管风琴纪念雕塑是芬兰著名的女雕塑家艾拉·希拉图兰的作品。

西贝柳斯是芬兰伟大的爱国主义音乐大师。他一生谱写过许多脍炙人口、情感细腻的乐曲，比如有《忧郁圆舞曲》《图拉的天鹅》《冰洲古史》《暴风雨》《芬兰颂》等等。最为著名的就是那首被誉为芬兰民族精神象征的《芬兰颂》，作于芬兰被俄国沙皇统治的1899年。当时，芬兰人民为了反抗沙俄的压迫和殖民统治，不断举行各种各样的抗议活动，在一次维护自由和宪政权益的晚会上，为了逃避沙俄的禁令，《芬兰颂》以《即兴曲》的名义进行了公演，极大地鼓舞了要求独立自由的芬兰人民的斗志。

除了西贝柳斯这位伟大的音乐家的传奇故事外，我对那座巨型管风琴纪念雕像下面的基座更感兴趣。因为，那是一块巨大的古冰川鲸背岩遗迹。

芬兰是北欧最靠近北极地区的国度，整个国土处在北纬60°到北纬

70° 之间，其中 2/3 的国土面积位于北极圈内。在地球第四纪冰期时，大面积的冰川冰流从北极圈内一直延伸到芬兰南部的赫尔辛基一带，后来地球气候变暖，在距今 12000 年前，冰流渐渐退回到更高的山岳部位或者更北的北极圈内，和北欧其他地方一样，在芬兰境内留下了古冰川作用遗迹。那座巍峨的管风琴纪念雕像所在的天然基岩，便是第四纪冰期冰川覆盖作用的证据。

赫尔辛基平均海拔不到 50 米，地理纬度为北纬 60°，无论行走在大街上还是乘船漫游在港湾河汊中，要是对地球地质历史尤其是冰川演替的历史不甚了解，谁会想到这风和日丽、百花盛开的现代都市曾经是"千里冰封、万里雪飘"的不毛之地呢？

冰岛考察

7月15日早上5点，天色已经大亮。这里地处北纬60°以北，又是北半球的夏季，晚上10点多天色方才变暗，早上4点天色已亮。按计划，我们今天将飞抵冰岛首都雷克雅未克市，对冰岛进行考察。

上午9点30分，我们乘坐芬兰航空公司航班，历时55分先飞抵瑞典首都斯德哥尔摩，在那里转机，3个多小时后在冰岛首都雷克雅未克市的凯夫拉维克机场安全着陆。在飞机着陆前，透过舷窗，只见机场周围的建筑物普遍偏低，这是因为冰岛风大，来自北美洲的低气压气流沿着北大西洋过境冰岛时常常会形成大风甚至暴风，因此，冰岛尤其是首都雷克雅未克一带的天气雨多风大，这里的建筑物一般都在五层以下。

这是我第一次来冰岛。

赴北极考察，冰岛是绝对应该到达的地方。冰岛位于北纬63°30'—66°33'，其北部一些小岛已经属于北极区域。按照国际海洋法，它的北部近海海域已经进入北极圈，属于北冰洋的范围。我国的南极长城站位于南纬62°12'59''，而冰岛的首都雷克雅未克位于北纬64°9'。

学地理的人大多都知道，在西半球北大西洋中有两个名字和地理环境不相符的岛屿，一个是格陵兰岛，一个是冰岛。

顾名思义，冰岛（Iceland）本该是覆盖着冰川白雪的陆地，而格陵兰岛

（Greenland）则应该是一个充满葱茏绿意的岛屿。但是令人匪夷所思的是，号称"绿色的陆地"的格陵兰岛有 4/5 位于北极圈内，80% 以上的地方均为冰川所覆盖，岛上很少有植被生长，更无乔木分布的踪迹。而冰岛完全位于北极圈以南，只有北部海岸与北极圈紧邻，冰川仅占岛屿面积的 1/8，在冰岛中南部，不仅有各种各样的花卉、乔木等植被生长，而且还出产蔬菜、瓜果、土豆、大麦等农作物。真是"绿岛不绿、冰岛少冰"啊！

人类发现冰岛的历史至少可以追溯到公元 4 世纪。当时，希腊地理学家皮菲依曾驾船来到北大西洋距离冰岛很近的地方，发现这里雾气弥漫，皮菲依并不知道那是火山和温泉造成的一种自然现象，于是称之为"雾岛"，但是这一发现并未引起太多人的兴趣。

864 年，挪威航海家弗洛克带领船队，乘风破浪，越过挪威海，终于在一天太阳升起的时候，透过团团的水蒸气，发现那里有一个大陆，弗洛克大喜过望。他们抛锚上岸，发现不远的山上有积雪和冰川，而更多的地方则是荒无人烟的平地和丘陵，还有不少的花草树木在微风的吹拂下摆动摇曳，偶尔还有一些小动物在树丛中跑来跑去。据说他害怕别人知道在北大西洋还有一个新大陆，害怕别人知道后大陆被抢占，于是就谎称这里只是一个被冰川覆盖的地方。也有人说，弗洛克和后来陆续登陆冰岛南部海岸的人，首先看到的确实是一条巨大的冰川，即米达尔斯冰原和瓦特纳冰原，于是将其命名为"冰岛"也就顺理成章了。

就相关文献记载可以肯定的是，冰岛在弗洛克等人登陆之前，是一个从未有人类涉足的地方。

在冰岛东南部，有冰岛最高的山峰，也是冰岛最高的活火山——海拔 2119 米的华纳达尔斯赫努克火山。位于山下的瓦特纳冰原，面积达 8450 平方千米，厚度从几百米到两千多米，不仅是冰岛上最大的冰川，也是欧洲最大的冰川，也是世界上仅次于南极冰盖、格陵兰冰盖的第三大冰盖。米达尔斯冰原简称米达冰川，面积将近 2000 平方千米。在如此巨型的冰川面前，最早的发现者将这里叫作"冰岛"并不过分。除了瓦特纳冰原和米达尔斯冰原，冰岛内陆还有两条巨型冰川，即朗格冰原和霍大斯冰原，面积都在 2000 平方千米左右。除了这四条大型冰川外，冰岛还有不少中小型冰川，比如位于西北半岛的壮嘎冰川，位于米达尔斯冰原以西的艾贾符加拉冰川等等。冰岛国土面积为 10.3 万平方千米，冰川的总面积大约为 1.3 万平方千米。将一个冰川占全国总面积 1/8 的地方称为冰岛，也不应该有多少歧义吧！

至于格陵兰岛，80% 以上的地方被平均厚度达 2500 米的冰川所覆盖，除了南部低洼盆地和平地有少许藻类、苔藓和菊科、豆科等草本植物生长之外，再无更多的绿色，却堂而皇之地冠名为"绿色的陆地"，原来也是有缘故的。

据说，中世纪时有个叫红胡子的人居住在冰岛，因为犯了谋杀罪举家乘船向西北方向流亡，他们经历了 1300 多千米的艰难航行之后，在身心疲惫几乎绝望的时候，终于抵达并且登上了这个大岛。从此，他们一家就在这个并无多少绿色的冰川王国的边缘地带安身立命，好在这里有数不清的海豹和丰富的鱼类可供食用。但是，这么大的地方只有红胡子一家人居住，岂不是太寂寞、太孤独了吗？于是他们放出风去，谎称这里绿树成荫、鸟语花香，是一个绿意葱茏的好地方，希望有更多的人移民到这里。

古往今来，人类经历过无数的谎言。经过梳理之后大家就会发现，只有少冰的冰岛和少绿的格陵兰岛这两个谎言最充满人性！

格陵兰岛虽然远离欧洲，西北部与北美洲的加拿大紧邻，可是其行政区划却属于欧洲，更为奇葩的是，它的主权归属于领土面积比它小 50%，和它距离 2000 多千米的丹麦王国。

后来得知，早在挪威人发现格陵兰岛之前大约 500 年，居住在加拿大境内的因纽特人就移居到了格陵兰。只不过由于条件所限，彼此无法互通信息而已。

话题还是回到我们的冰岛之行吧。

冰岛首都雷克雅未克，冰岛语的意思是"雾气蒸腾的地方"或者"冒烟的海湾"，那就是当年弗洛克发现冰岛时留下的第一印象。

乘坐飞机在冰岛上空俯瞰，未见冰岛有任何与冰天雪地相关联的景象，倒是天蓝蓝，海蓝蓝，给人一种清新雅致的感觉。下飞机后，地陪工作人员华人黄小姐安排我们乘坐大巴车，直接前往郊外的蓝泻湖温泉度假胜地。

蓝泻湖温泉度假胜地位于市郊一座死火山腹地，集洗浴、医疗康复、美容和游泳等功能于一体。

作者在冰岛蓝泻湖

冰岛上有规模堪称世界第三大冰盖的瓦特纳冰原，但是冰岛却是世界上真正的火山之国。类似蓝泻湖这样的火山地貌在冰岛上比比皆是。当大巴车驶离机场，就可以看到公路两边全是黑乎乎的火山石，下车仔细观察后发现，在这些黑中泛褐发灰的石碛里，充满着大大小小的气孔，拿在手里轻轻的，这就是火山喷发时从岩层深处涌出地表的岩浆冷却后形成的熔岩石，也叫浮石。

冰岛是一个比较年轻的岛屿，形成于 5000 万年前。冰岛所处的位置正好是欧洲板块和北美洲板块在大西洋分割断裂带通过的地方，正是从这个断裂带涌出的岩浆凝固后形成了冰岛。据考证，格陵兰岛形成于距今 4 亿年前的古生代，比形成于 5000 万年前的冰岛要古老得多。

冰岛共有 100 多座火山，其中活火山有 20 多座。有拉基火山、华纳达尔斯赫努克火山、海克拉火山、卡特拉火山和冰岛火山等，最著名的当然非冰岛火山莫属了。冰岛火山又称艾雅法拉火山，位于冰岛南部的埃亚菲亚德拉冰盖上，曾经在 2010 年 4 月 13 日再次爆发，继而在 4 月 16 日和 19 日频繁猛烈爆发，炙热的岩浆流将冰川融化后引发了大规模的洪水和泥石流，浓浓的火山灰在空中形成了遮天蔽日的黑幕，不仅笼罩了冰岛本土，而且笼罩了北大西洋和欧洲地区的上空，当时的欧洲航空业受到了极大的影响，飞机停飞，客人滞留。那次艾雅法拉火山爆发造成的影响，至今仍在评估之中。

冰岛完全由火山岩组成，新的火山仍在间断地爆发。我半开玩笑半认真地告诉大家，冰岛是一个领土面积逐渐增长的国家，每一次火山爆发都会增加国土的面积，1963—1967 年在冰岛的西南海域中，因为火山喷发还形成了一个面积达 2.1 平方千米的小岛呢。

汽车行驶了半个小时，只见前方云烟氤氲，空气中散发着淡淡的碱涩味，黄小姐说蓝泻湖到了。下车后黄小姐给每人发了一个手牌、一条毛巾，手牌上有换衣服用的柜门钥匙，凭此可以通过安检并存放衣物，然后进入温泉湖里游泳、洗浴。不过，我对湖区周围的岩石地貌和生态环境更感兴趣，决定先沿着湖区小径考察一番。我是此行的科学顾问，不少人愿意与我同行，一路上形影不离，问东问西，看到新奇的东西就拍照。小道两旁全是浮石，地是浮石，湖堤是浮石，附近起起伏伏的小丘陵全都是火山岩浆流冷却后形成的浮石。放眼望去，这里方圆几十千米似乎与绿色无缘，只是在远处的山脚有几片带状树林生长，导游告诉我那是冰岛的主要树种桦树林。我仔细观察，发现在这些灰褐色、黑色浮石上倒是有些零零星星的地衣、苔藓等生物生长，有的已经干枯，留下环状瘢痕，大部分仍然绽放出些许绿意，预示着火山过后生命力的顽强和执着。我们离开小道走在满是浮石的地面上，尽管穿着旅游鞋，仍然感到脚下有重重的按摩作用，真是免费的足疗啊！不过在冰岛人的心目中，这些火山石却是"邪恶的石头""魔鬼石"。那是因为最初移民来此的欧洲人无论渔猎还是开垦土地，这些长满棱角的火山石都是最大的障碍，一不小心就会割破手脚，要是在追捕猎物时摔倒，更是鼻青脸肿，受伤不轻。要想在这些布满火山石的地方开垦出一片土地来，更是难上加难。

由火山爆发形成的岩石大致可分为三种：玄武岩、安山岩和流纹岩。浮石属于流纹岩的一种。

火山活动属于地球内部岩浆活动冲出地表的外延表现形式。岩浆存在于地壳以下的地幔中，如果涌动的岩浆未能溢出地表，就会在地壳内产生侵入作用。由岩浆侵入而形成的岩石叫作岩浆岩，主要有花岗岩、橄榄岩和闪长岩以及侵入变质岩等。如果岩浆一旦涌出地表就会形成火山喷发。高达1000℃的火山岩浆和喷发物要么在地表形成安山岩、玄武岩和流纹岩，要么由抛洒的火山灰和火山碎屑物形成火山碎屑岩。

冰岛火山浮石

冰岛火山石碛上的植被

冰岛火山流纹岩

155

冰岛地表所见的岩石多属于流纹岩、火山碎屑岩以及尚未形成岩石层的火山碎屑物。这些大面积分布的火山碎屑物正是冰岛人所说的"魔鬼石"。

冰岛形成的地质历史不长，从地底喷发而出的火山岩石风化的历史自然也很短暂，火山石的风化程度与成土作用很低，称其为"魔鬼石"也不过分。但是从长远意义上讲，但凡有火山爆发的地方，要是时间足够久远，风化和土壤化程度足够到位，那又是另外一番景象了。比如我国东北的五大连池、内蒙古的阿尔山天池以及云南腾冲一带的火山分布区，几乎都是森林的高覆盖率地区。那是由于火山灰和火山岩石风化后形成的土壤，富含植物需要的矿物质和微量元素，以至于一些火山频发的地方，在火山平息后，人们陆续返回原地，继续在那里生息繁衍。

还有人将火山石和火山灰粉碎加工做成菌类繁殖的营养肥料，不仅大大提高了蘑菇的产量，而且产出的蘑菇口感更胜一筹。据说国内有蘑菇生产企业家已将此技术申请了国家技术专利。

我和一些冰岛朋友开玩笑说，你们认为这些火山喷发物都是"魔鬼石"，干脆我们合伙做生意，将这些"魔鬼石"销往中国如何。朋友高兴地说道："好啊，你们要多少拉多少，白送！"

我们还是抵挡不住温泉的诱惑，加之时间有限，于是急忙返回温泉，想好好享受一下蓝泻湖的温泉浴。

进入湖内，男男女女，老老少少，人真的很多啊！从北京来的刘结、崔巍、郑芳、小刀和佟滨，从杭州来的张钢，从香港来的高中亮，还有从广东来的小冯母女、小谢等已经在那里享受温泉的温馨和惬意啦。此次北极考察旅行团中，包括我在内的这十几个人，来北极的主要目的就是想见到北极的冰川和北极熊，于是张钢提议我们活动时尽量不分开，还起了个很好听的名字——冰熊组。

我从小在嘉陵江上游的水里泡大，游泳是我的最爱。进入温泉后，我立刻施展游泳技艺，从湖这头游到湖的那头，不一会儿工夫就游了几个来回。

在蓝泻湖中洗浴，还有一个特别的项目，那就是用湖泥涂脸涂身。工作人员早已从湖底挖出白色湖泥装在湖边几个铁桶内，人们可以取出适量的泥巴涂在脸上、身上。这时候，可就难以分辨你是欧洲人、亚洲人还是非洲人了。即便是家人，在白色泥巴的蒙蔽下，也难以分辨彼此了。据说涂抹湖泥后，皮肤会变得光滑细嫩，特别是脸部，比那些名贵的化妆品的美容效果还要好，所以大多女性一下水就取来一大坨湖泥抹在手臂上，抹在脸颊上……蓝泻湖中的水和湖底的泥里都富含硅元素和硫元素，皮肤经过长时间温泉水的浸泡就会有滑腻的感觉，再涂抹上湖泥后效果会更佳。我长年爬冰卧雪，风吹日晒，从来没有刻意保养过皮肤，顶多给脸上涂点蚌壳油而已。领队刘结建议我也做做火山湖泥的"高端理疗"，说难得到"冰火相容"的冰岛蓝泻湖里做一次天然面膜。说时迟，那时快，话音未落，郑芳、小刁几位年轻人就各持一把白色泥团，朝我的脸上、手臂上抹来，张钢不失时机地为我拍下了那"历史性的一刻"，连我自己看到那面目全非的照片时都忍俊不禁。

黄昏时分，我们返回市区，下榻在雷克雅未克市内的一家大酒店。酒店所在地是一片豪华商业区，高楼林立，一改传统的不超过五层的设计理念，多在 20 层左右，高度都在 50～70 米。我们所住的酒店采用玻璃盖顶，室内热水是经过处理的温泉水，无色无味。洗手间内的饮用水则是达标的纯净水。

目前，冰岛人口有 33 万人，雷克雅未克市人口约 20.1 万人，占全冰岛人口近 2/3。居住在这里的华人不多，有 400 多人。在冰岛定居的华人多是生意人，以经营餐饮业的居多。我们到达的当天晚上就在杭州人开的天味酒家就餐，菜品和国内的差不多，有清蒸多宝鱼、辣子鸡、羊肉炖土豆、炒生菜、糖拌西红柿、酸辣汤等。

来冰岛，除了蓝泻湖，还少不了要去雷克雅未克周边的间歇泉、欧亚板块大裂缝、黄金大瀑布等地去参观。而这些地方则被称为冰岛的"黄金旅游圈"。

第二天早餐后，我们乘车开始了一整天的"黄金旅游圈"考察。

首先参观考察的是位于雷克雅未克东北 40 千米的阿耳庭。阿耳庭属于冰岛议会平原国家公园（又称辛格韦德利国家公园）内非常重要的景点。千万别小看这个阿耳庭，它可是世界议会政治的最早发祥地。当我们踏上阿耳庭那块火山形成的岩石平台时，仿佛进入了穿越千年的时空隧道。

930 年，一群从欧洲大陆移民到冰岛的人，对欧洲的君主政体厌恶之极，于是决定冰岛的大小事情应该由全体冰岛人选出的代表来平等协商，此建议一经提出便得到人们的一致响应。当年 6 月，第一次民主协商会议便在这个天然的露天广场上召开。冰岛人将这种形式的会议称为"阿耳庭"，也就是世界上最古老的"议会"。冰岛语中"阿耳"是大家或者众人之意，"庭"是开会讨论和决定事情的意思。每年一次的冰岛阿耳庭议会传统，从 930 年一直延续到 1799 年。后来由于冰岛的主权归属和政体的变化，阿耳庭制度断断续续，直到 1845 年重新恢复。现在的冰岛议会每四年选举一次，议会成员 63 人。

极具戏剧性的是，世界上第一个议会的召开地竟然地处欧美两大板块的裂变线上。也就是说，当我们站在这个阿耳庭平台上时，向西一步就到了美洲大陆板块，后退一步就又回到了欧洲大陆板块。

冰岛人将阿耳庭所在的欧美板块裂变线称为"人民断裂带"，这是我见到的最美好的地质专业名词。

向四周望去，只见人民断裂带上的张性构造断裂遗迹栩栩如生，好像从大西洋洋脊涌出的熔岩正使欧洲和北美洲慢慢地分道扬镳。根据科学测定，这两大洲际板块每年正以 2 厘米的距离向东向西移动着。

目力所及，我发现至少有四列裂变残岩分布在方圆几十平方千米的范围内。欧美两大板块的裂变分界在这里造就了诸多的峡谷、断崖、悬谷、湖盆和台地地貌。

走下阿耳庭露天平台，进入欧美板块裂变形成的一个小峡谷，只见一些瀑布不时从一侧的山上奔流而出，出得谷口就是一片湿地和泉水形成的小河。在南面不远处，可以看到一片茫茫无际的水域，那是由于火山喷发形成的湖盆地貌——辛格韦德利湖，水域面积为84平方千米，是冰岛最大的外流湖。由于辛格韦德利湖紧邻阿耳庭，冰岛人又称之为议会湖。这是我听到的最美好的湖盆地貌名称。

冰岛大裂谷是地球上洲际板块之间唯一在海平面以上能够看到的交界裂变地。2004年，因为这条大裂谷的存在，冰岛议会平原国家公园被联合国教科文组织批准认定为世界自然遗产地。

之后，我们直奔雷克雅未克东北80千米的大盖锡尔间歇泉。大盖锡尔间歇泉是冰岛最大的间歇泉，也是世界上最著名的间歇泉之一。实际上，这是一个间歇泉群，大盖锡尔间歇泉是其中主要的间歇泉，喷发时热水和热气的高度达到60多米，蔚为壮观，洒落的水滴和雾气往往让游人猝不及防。

当天有阵雨，当我们抵达间歇泉景区时正遇上一场大雨，我们被安排在一家小酒店里暂时歇脚，间歇泉就在离小酒店不远的山坡上。一会儿雨小了，大家急不可待地奔出酒店，可是刚出大门，一阵瓢泼大雨劈头盖脸地浇下来，我们不得不重新退回酒店。冰岛的降水量比较大，北部和东北部年降水量为400～600毫米，南部、西南部和西部降水量高达1000～2000毫米。雷克雅未克正处在冰岛降水量最多的地区，年降水量接近2000毫米。四川雅安的年降水量也是2000毫米，号称"雨城""天漏"，看来将雷克雅未克称为冰岛的"雨城""天漏"也未尝不可。

我们只好耐着性子，在酒店的茶室里一边喝咖啡，一边透过窗户观察，那如注的雨似乎越下越大。大约过了半个小时，雨总算停了，我们提着相机，

冰岛间歇喷泉

急急忙忙地直奔山坡上的间歇泉而去。出了酒店，发现有不少游客正从附近的旅店或者大巴车、小轿车里钻了出来，等我们到达时，间歇泉周围的游客已经是里三层外三层的了，我的个子虽高，但是站在外圈很难找到最佳观测和拍摄角度。好在间歇泉的喷发间隔只有十来分钟，大部分客人在看到一次喷发后都会离去，后来的人就可以到前面等待泉水的再次喷发⋯⋯这样每个人都会如愿以偿的。

　　大盖锡尔间歇泉和大多数间歇泉一样，都是由于地下水受到深层地热影响，被汽化后沿着泉眼喷发而出，一次喷发后，热量和压力得到了释放，于是喷泉就会处于暂时停顿状态。等到新的压力和热量聚集到一定程度时，泉眼内部的水汽就会再次喷涌而出，形成再一次喷发。

　　大盖锡尔间歇泉的地表泉池直径大约20米，泉眼口径10厘米，泉眼的深度为1米左右，泉眼周围呈现出一道圆圈状黄绿色钙化堤。

　　在距大盖锡尔间歇泉150米的地方还有两个间歇泉，其中的一个每隔5

160

分钟就会喷发一次。

据说原先最大的一个间歇泉喷发时高度可以达到 80 米，但是在一次地震后悄然"陨落"，只剩下一个高高的钙化池遗迹，将最大的位置让给了大盖锡尔间歇泉。

午餐后，我们乘车前往著名的黄金大瀑布考察。又开始下雨了，风雨交加，窗外的雨水像雨帘一样将大巴车泼洒得淋淋漓漓，前窗上的雨刷不停地刮水，但是能见度仍然不高，在橘黄色雾灯的指引下，我们慢慢地前行。

瀑布是世界上最壮观的景色之一，只要有山，有高原，有断裂构造的地方就会有瀑布。黄金大瀑布在雷克雅未克市东北 125 千米的地方，由于强烈的火山构造活动在这里形成了一道横断河谷的大断层，发源于冰岛第三大冰川朗格冰川的赫维塔河，在流经此地时形成了冰岛最大的断层峡谷瀑布——黄金大瀑布。这也是欧洲最大的河流瀑布。

壮观的黄金大瀑布

早先，黄金大瀑布所在的地区属于一家私人农场的管辖范围。1975年，顾全大局的农场主女儿将黄金大瀑布和大瀑布所在的土地无偿地捐给国家。

抵达大瀑布观景平台时，雨稍微小了一些，只见一些返回的人均被淋得像落汤鸡似的，但那神情却十分满足。我们急忙下车朝大瀑布方向快步走去，只听见平台下方吼声如雷，阵阵带着凉意的水雾腾空而起，夹杂着小雨

气势磅礴的黄金大瀑布

珠飞溅到我们的脸上和身上，我顾不得擦拭，只管护着照相机的镜头，在雨水和雾气中直奔黄金大瀑布。雨时大时小，我和领队刘结等队员走过平台，互相鼓励着沿着一条小路前行，一边是深深的峡谷，一边是陡峭的山崖，路很滑，还时时与返回的人群侧身而过。几十年的野外考察练就了我走山路的本领，刘结比我年轻，但是每走一步都小心翼翼。我不时地告诫刘结要注

意安全，他却提醒我："张老师不急，慢慢走。"下陡坎时他还回过身来扶我一把，生怕我出意外。经过半个小时的步行，我们终于来到黄金大瀑布右侧的平台上，只见横断河面的河床瀑布从上游漫无天际地涌来，义无反顾地向陡峭的断崖跌落而下，那气势好似千军万马，吼声似万钧雷霆，溅起的水雾冲上空中再散落下来，两岸的岩石上、草丛中，水流漫地，一脚踏上去，就会溅起一片白色的水花。凭着多年的野外考察经验，我蹲下身子，伸出右手用拇指和食指岔开指向对岸和谷底，通过目测，估计瀑布在丰水期宽250多米，高约70米，由三级各几十米落差的跌水接踵而成。当第三级跌水坠入河底后，犹如钱塘江潮般冲天而起，然后争先恐后进入深深的峡谷，继续向下游奔腾而去，流入冰岛南端的北大西洋。

大雨总算停了，空中出现了一片蓝天，一缕温柔的阳光洒下来，将波涛汹涌的瀑布晕染成一片金黄。噢，我终于明白了黄金大瀑布名称的来由！

尽管如雷的吼声震耳欲聋，密集的水雾打湿了衣服，我却久久不愿离去，还想多拍几张图片，

还想多观赏一会大瀑布的壮观气势，体验它为了回归大海，一往无前、不怕粉身碎骨的伟大精神。

又一片乌黑的云团飘到了瀑布的上空，看来又将是一阵瓢泼大雨。我们赶紧往回走，边走边回头频频地按下照相机的快门。当我们回到停车场附近的平台时，头上的乌云果然变成了一阵急似一阵的暴雨，还没等我们跨进大巴车，早已被淋得像一群落汤鸡啦！

当我漫步在冰岛首都雷克雅未克的大街上，心中却念念不忘那壮观的黄金大瀑布。那铺天盖地的激流，那震耳欲聋的吼声，那一往无前的跌水瀑布，让我的思绪又回到了祖国，回到了青藏高原，回到了青藏高原上奔腾不息的金沙江、澜沧江、怒江，还有那举世闻名的雅鲁藏布江。在这些大江大河上，来自高原的冰川融水，千里奔流，汇集着沿途的地表水和地下水，穿山越岭，一路险滩接着险滩，激流连着激流，瀑布跌水接连不断，不仅形成了我国西部乃至亚洲著名的"水塔"水源地，而且还造就了世界上独一无二的、落差巨大的水利资源的聚集地。

以我多次考察过的雅鲁藏布江为例，它从海拔六七千米的源头出发，流经千山万壑，汇入的支流越来越多，流量越来越大，尤其是到了雅鲁藏布大峡谷一带，从峡谷上游的入口到峡谷下游的出口，弯道距离为496.3千米，直线距离不过40千米，落差却达到2500米。就在这不足500千米的曲流和2500米的巨大落差内，不仅发育着一个又一个堪与冰岛黄金大瀑布相媲美的峡谷瀑布群，而且大峡谷内水流如喷如射，仿佛一组组力量无穷、永不停歇的"永动机"，将巨大的能量消耗在年复一年、飞流直下的"无用功"之中。无论冰岛的黄金大瀑布，还是我国的大江大河，都拥有取之不尽的水利资源。

自从1831年英国物理学家法拉第利用电磁感应发明了发电机后，1878年法国人建造了世界上第一座水力发电站。从此以后，利用水力发电的技术

雅鲁藏布江大峡谷丰富的水资源

越来越成熟，规模越来越宏大，为人类社会的发展发挥了巨大的作用。

目前世界上水电站的建造方式，尤其是大中型水电站多采用坝式水电技术，我国长江流域的葛洲坝水电站和长江三峡水电站都是采用坝式水电站技术进行建造的。

为了解决社会发展急需的能源问题，除了水力发电，还有火力发电、风力发电、太阳能发电，更有核动力发电等发电设施在世界各地建设投产。可是一系列问题也随之而来。比如苏联于 1986 年 4 月 26 日发生的切尔诺贝利核电厂爆炸事故，2011 年 3 月 11 日日本由于地震引发的福岛核电站发电机组损毁导致核泄漏事故，让许多国家和地区对核电站建设忧心忡忡。即使是被誉为清洁能源的坝式水力发电，也由于生态系统、地震以及战争等多种因素而受到质疑。

难道我们会在这些困难面前止步不前吗？

在多年的科学考察活动中，我一直在思考水利资源的开发利用问题。

在考察了冰岛黄金大瀑布之后，联想到我国长江、黄河、澜沧江、怒江和雅鲁藏布江等高原江河的分布发育状况和水资源特征，我突发奇想，应该一改以往那种在江河上建造大坝的传统思维模式，采取水轮机"无坝倒悬式"发电技术，既可以向江河索取取之不尽、用之不竭的水利能源，又可以还原江河自由流淌的原始生态面貌，那将会是多么美好的愿景啊！

经过梳理，"无坝倒悬式"水力发电技术的思路逐渐明晰，即改变传统的拦江筑坝蓄水发电模式，在河流上空建造横跨河流的路桥式设施，将发电机组倒悬在路桥设施上并深入水流之中，让河水冲动水轮机以达到发电的目的。还可根据河流流量、流速以及流域内地质地理、地貌形态等情况，可建立单组或者多组倒悬式机组进行组装发电。这些机组可以沿江沿河绵延几千米甚至几十千米。

在建设倒悬塔梁架构时，可以和道路桥梁、美化环境、旅游观光、灾害治理、河道整治等基础设施相结合，一种设施，多种用途。倒悬式发电机组还可以根据季节变化（河流水位、流量大小变化）随时调整深入水下的幅度。

该技术的广泛应用可以在保持江河的自然生态环境，彻底排除人为泥沙淤积，摈除由蓄水引发的地震、滑坡、泥石流、大坝溃决等突发性灾害，还可以避免大规模移民搬迁的困扰，还原和节省大批土地资源。

随着"无坝倒悬式"水力发电技术的推广应用，原先大部分坝式水电站将被拆除，继而恢复大江大河的原始生态环境。

此项技术适用于地球上所有的江河流域，邻国之间从此不会因为上下游的水利建设问题发生国际纠纷。

当然，这只是一个逆向思维的想法，其具体技术环节还要经过方方面面的研究论证，做进一步修改完善。

这一技术的应用必将彻底改变人类水电开发建设的历史，也将极大地改变和完善世界上清洁、安全、有效能源的结构。

相信"无坝倒悬式"技术的推广，将会给"一带一路"建设增加新的科学技术支撑，为世界的生态文明、经济文明与和谐共赢带来不可估量的贡献。

该技术建议先在我国西部的某条江河上实验建设，待取得经验后再逐渐推广。

都说人人要有梦想，那么就把这个"无坝倒悬式"水力发电的设想，算作我此次北极考察中做的一个有利于生态环境恢复、优化的梦想吧！

北极和北冰洋

7月17日，当地时间下午三点半，我们登上了停泊在雷克雅未克港的挪威海达路德公司的邮轮，沿着波澜不惊的丹麦海峡，继续我们北极和北冰洋的考察探险行程。

这是一艘名为"前进号"的大型豪华远洋邮轮，2012年，我曾受刘结先生之邀，作为科学顾问乘该船参加了一次南极远洋科学探险考察。

作者在冰岛乘"前进号"赴北极考察前

工作人员已经将我们的行李提前送达船上。按照国际惯例要收交护照，所有客人的护照要等到旅行结束离开邮轮时才会退回。然后发放身份证号牌和房间电子门卡，我被安排在 129 号房间。这是一间海景房，舷窗外是一条走廊，透过舷窗和走廊就可以看见海上的景色。

按照远洋航行的要求，上船后第一件事就是进行海上救生演习。下午 4 点 30 分开始，客人带着房间备用的救生衣，分组来到五层甲板上，由船上工作人员介绍和指导穿救生衣和为救生衣充气的正确方法，以及万一出现危险情况时的自救和救人的常识。尽管我多次搭乘邮轮考察，但是救生演练仍然不可马虎。

6 点 30 分开始用晚餐，以西餐为主，食物非常丰富，主食有米饭和各种各样的面包；菜品有牛排、猪排，有鸡肉、鱼肉等烤肉，还有土豆、炒鸡蛋、多种青菜和色拉；水果有苹果、梨、葡萄、油桃、草莓、西瓜等，真是应有尽有。

晚上 9 点 15 分，全体乘客一律到七楼大厅，这也是船上传承已久的惯例——每次上船后要举行船长见面招待酒会，离船前还要举行船长告别晚宴。

当我们步入招待酒会大厅时，只见穿戴整齐的船长、船员和工作人员分列两边，鼓掌表示欢迎。来自菲律宾的男女侍者手举托盘为客人送上香槟、红酒和威士忌。

等到客人基本到齐后，船长做自我介绍，然后各个部门的成员逐一进行自我介绍，包括餐厅厨师和服务人员。不少船员和工作人员在做自我介绍时都很幽默，逗得大家哈哈大笑。

我们沿着冰岛西海岸的丹麦海峡一路向北乘风破浪，从格陵兰岛以东海区通过，却没有见到冰山，更没有见到海冰的踪影。7 月 18 日傍晚越过北极圈，进入北极地区。

作者在北极考察途中

　　7月的北极圈正值白昼时节。晚上，太阳斜挂在天穹之上，白色的海浪由远而近再由近而远地在海面上翻滚，海鸟们或三三两两或成群飞行，给一望无际的海面增添了无穷的活力。

　　晚饭后我来到甲板上，有不少人正倚着船舷拍照呢。有人问我："张教授，我们已经穿过了北极圈，那么我们就算进入北冰洋啦？"

　　我回答道："进入北极圈只能够说我们进入北极地区了，却不可以说已经进入北冰洋了。"

　　"为什么？"我的回答着实令人惊诧。我一边观察着空中的飞鸟和海里的浪花，一边思考着一个以前想过但是没有深究过的地理问题：北极和北冰洋到底是个什么关系？北冰洋的范围和北极地区是一回事吗？北极圈和北冰洋的界限是否彼此重合？

　　仔细琢磨，这些都是值得思索的地理与环境问题。正如我国的南极长城站地处南纬 62° 12'59"，但是它却属于南极洲，因为它所在的南极半岛与

170

南极洲是一个冰雪相连的整体！而北极圈内的部分不冻海域却不一定属于北冰洋。

所谓北极或者北极地区，是指北极圈以北直到北极点的全部区域，包括海洋、陆地和岛屿。而北极的海洋却由北冰洋和其他在北极圈内不属于北冰洋的海域组成。在许多著述中，包括教科书里往往将北极圈内的海洋笼统称为北冰洋。从广义的北冰洋而言，这并无大错；不过要是从北冰洋的"冰"或者"冰冻""冰封"的概念出发，那么，冰冻的北冰洋面积就小多啦。

那么北冰洋的范围在什么地方呢，它的科学界定依据又是什么呢？

原来，冰冻的北冰洋范围并不一定与北极圈有关，就像南极洲的范围不一定与南极圈重合一样。

在《世界地图》上，我们可以明确地看到海冰区的北冰洋在冬季的最大范围，还可以看到在夏季时节北冰洋海冰的分布范围。即使在冬季，北冰洋海冰区也未曾将北极圈以内的海域全部冰封冷冰起来。

北冰洋的物理学定义首先是一个冰冻的海洋或者是一个冰封的海洋，至少是在冬季全部冰冻的海洋。从这个意义上说，北冰洋的范围大概仅仅限于北纬70°（美国的阿拉斯加与俄罗斯楚科奇半岛以北海域）到北纬80°（格陵兰岛与斯瓦尔巴群岛再到俄罗斯的法兰士约瑟夫地群岛以及北地群岛、新西伯利亚群岛一线）以北的海域。从加拿大东北海岸的戴维斯海峡—巴芬湾，到格陵兰岛东海岸的格陵兰海，再到冰岛以东的挪威海，一直向东，包括挪威—俄罗斯以北的巴伦支海，俄罗斯以北的喀拉海等海域，虽然大部分都在北极圈内，但有相当部分属于冬季不冻海，更不消说它们都有自己独立的名称！尤其是地处北纬80°附近的斯瓦尔巴群岛周围的许多海域，一年中绝大多数时间海面不冻结，陆地上夏季时节更是生气勃勃，报春花、虎耳草、雪绒花、北极莎草各展风姿，甚至还有一些杜鹃科的小灌丛也来凑热闹。

北冰洋是地球上面积最小、深度最浅的大洋，广义的北冰洋水域面积

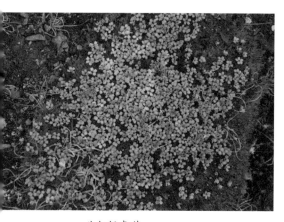

北极报春花

为1321万平方千米，加上北极圈内近800万平方千米的陆地面积，北极地区总面积为2100余万平方千米。北冰洋的海冰厚度多在3米以上，冬季气温最冷时在–20～–40℃，有时可以低到–60℃以下。

那么夏天气温变高，或者气候持续变暖，对地球又会带来怎样的影响？北冰洋会不会因此而消失呢？科学家通过格陵兰冰盖和南极冰盖内陆冰岩芯等分析研究得知，即使在地球地质历史上的间冰期，也就是所谓的温暖期，当时地球的平均气温比现在仅仅高出6℃左右，北极格陵兰冰盖和南极冰盖也只是规模有所减小而已，并没有出现过冰盖从地球上彻底消失的记录。再说，地球在绕太阳转动时会与太阳保持一定幅度的偏离夹角，即使在夏季，太阳也不会对两极地区产生直射和高角度的辐射。北极和南极一样，夏天阳光很弱，极点附近的太阳光与冰面几近平行状态，投射到冰面的太阳光几乎为零，而大面积冰雪又对阳光有反射作用。所以那种担心南北两极冰川在不久的将来会"烟消云散"的说法，实在是杞人忧天！

扬马延岛

YANGMAYAN DAO

　　远洋邮轮在当地时间 7 月 18 日傍晚时分穿越北极圈后，一路向北偏东航行。广播通知说，第二天下午 4 点 30 分邮轮将抵达扬马延岛。

　　不知道什么时候下起了雨夹雪，空中雾蒙蒙的，能见度不高，站在甲板上向四周望去，只能看到船驶过之后翻动的白色浪花，浪花随着海面的波动一会儿高高跃起，一会儿缓缓落下。雨夹雪落到海面上，消失得无影无形，不像落在甲板上、飘洒在人身上那样清晰可见。

　　怎么还没有见到冰山呢？在北大西洋和北冰洋上航行时，人们总会想起当年"泰坦尼克号"遭遇冰山沉船的故事。有人哼起了电影《泰坦尼克号》主题歌《我心永恒》：

　　　　每夜都会梦见你，

　　　　一往情深两相依；

　　　　冰海重重难分隔，

　　　　我心永恒爱永续；

　　　　无论千山与万水，

　　　　哪怕魂灵已飘逝……

　　真是气候变暖、地球升温啦！想当年（1912 年 4 月 10 日），著名的"泰坦尼克号"从英国南安普顿出发前往美国纽约，不料在北大西洋（北纬

41°43'56"、西经 49°56'45" 的地方）撞上了不知从冰岛还是格陵兰岛漂来的冰山，不幸导致 1503 人葬身海底。可是这里是北极圈以北的北极地区，是地地道道的北冰洋海域，怎么还见不到像样的冰山呢？冰山是冰川尤其是极地冰盖在运动过程中，在冰盖边沿冰体伸进海洋时，一方面受后续冰盖冰体的推挤，同时受海水海浪的顶托，最终发生冰体断裂而跌入海洋形成的一种冰川景观现象。

忽然，在左前方大约 5000 米处，一座冰山映入我的视野。经过我的提醒，不少人提着相机、摄像机等着要将冰山拍摄下来。

当"前进号"远洋邮轮行进到与冰山同一纬度的时候，冰山距离我们只有 2000 米了。这下，我可以近距离仔细观察啦！这是一座小型冰山，长度有 300 来米，露出水面的部分只有 10 多米高，海鸟在冰山上飞飞停停，海浪在冰山的底部涌起又落下……十几分钟后，"前进号"将冰山远远地抛在了后面。由于冰的比重是水的比重的 9/10，所以这座冰山淹没在水下的深度和体积都是水面以上的 9 倍。基于当年"泰坦尼克号"的海难教训，根据现代航行规定以及船上配备的自动化技术装置，都会让经过的船只与冰山保持一定的安全距离。

和南极相比，在北冰洋上航行时与冰山擦肩而过的机会并不多。这是因为南极冰盖的体量和面积要比北极大得多，形成冰山的数量和规模也远远超过北冰洋。冰山一旦形成，就会在持续不断的消融中，在海浪的冲蚀作用中，个头越来越小，最终消失到茫茫的大洋里，成为地球大气、冰川与海洋水热交换的一个重要环节。

当然，无论在南极还是北极科学考察，远洋轮船上都装有先进的水下声呐声控和无线扫描识别系统，即使遇见庞大的冰山或者别的障碍物，都不用担心发生类似"泰坦尼克号"那样的人间惨剧！

在北冰洋上航行，人们最想看到的当然就是北极的鲸鱼了。在地球上，只要有大洋就有鲸鱼出没。一曲《我心永恒》刚刚唱完，就听见有人兴奋而压低声音说道："鲸鱼，大鲸鱼！"似乎怕声音高了会惊动那些大洋尤物们的"现场表演"。

我踮起脚越过前面的人头向前方海面巡视，在雾气朦胧中果然看

北冰洋巨鲸

见有几条刚刚露出水面的潜艇模样的动物，一会儿跃起，一会儿潜下，一会儿出露的是头部，一会儿甩起的是尾鳍。突然，一股水柱从浮出海面的"潜艇"前部冲天而起，惹得大家发出阵阵赞美声。我赶忙举起相机对准水柱喷出的地方，可是打着旋的水波渐渐平静，浓浓的雾气弥漫开来，我什么也没有拍到。"前进号"稍稍偏离了前进方向，又加速继续向前，朝着北面的扬马延岛驶去。邮轮偏离方向，是为了保障鲸鱼的绝对安全。鲸鱼浮出海面是为了换气，在自然保护意识越来越强烈的当代，我们人类的行为应该为包括鲸鱼在内的大自然负责！

北极鲸鱼的种群数量不亚于南极，尤以座头鲸为最。刚刚看到的鲸鱼有可能就是一条座头鲸。座头鲸体长可达 30 多米，性格比较温和，游动速度比较慢，在背脊露出水面的时候，还会发出唱歌般的声音。据说座头鲸可以发出七种不同音阶的声音，有时甚至会让捕猎者都不忍心下手。当座头鲸交配时，为了吸引对方，还会冲出水面跃起六七米高，以显示自己超常的身段和强健的体魄。为此有人还赋予它一个美妙的头衔——北冰洋鲸鱼种群中的"舞蹈家"！

晚饭后，领队刘结和负责联络的崔巍先生找到我，想请我为《北极日报》写一篇刊头语。《北极日报》是此行来自上海的中小学生记者团主办的"2014年北极气候之旅"的临时性小报，当天要出版第一期。我欣然答应，当场写

好交给刘结、崔巍两位。次日一早，我推开舱门，一份印好的《北极日报》已经放在门外的文件袋里。取出一看，在那彩色页面的显著部位，果然刊发了我为上海学生记者团写的寄语：

来自中国冰川学家张文敬教授的问候

难得的北极气候之旅，感知纯阳之夏美好的清新和温凉。

行万里路并不遥远，破万卷书尽入心房。

亲近自然，拥抱圣洁的冰川，乘风破浪在横无际涯的北冰洋上。

令人心动的体验并非梦想，不信，且看我四十位中华少年的英姿飒爽。

祖国必须强大，人民才能幸福安康；

养育我们的土地肥沃了，禾苗儿方能茁壮成长。

你们用心灵编织着北京和北极的纽带，

用智慧的笔描绘着对地球家园的憧憬和未来。

少年强则中国强。

要用一颗感恩的心时时刻刻提醒自己：

好好学习，天天向上；责任在肩，志向远大；学业优秀，品格高尚；坚忍不拔，力量铿锵；服务人民，永远不忘。

祝少年朋友们北极气候之旅愉快，收获多多。

中国科学院　张文敬

2014 年 7 月 18 日

浓浓的雾气终于演变成了雨雪交加。眼看就要抵达扬马延岛的东岸码头，大家信心满满，做好了充分的准备，包括防雨的外套。谁知，邮轮却调头向西而去，原来是因为雨雪天气导致扬马延岛东岸码头周围能见度特别差。为了安全起见，船长决定向西航行，那里还有一个停靠码头。这样一来，我们在岛上的考察时间就要缩短啦。

下午 5 时 30 分，在雨雪朦胧之中，我们登上了扬马延岛。

扬马延岛是挪威管辖的一个岛屿。扬马延岛地处格陵兰岛、冰岛、挪威本土以及斯瓦尔巴群岛之间，呈西南东北向分布。

我们的到来受到驻岛人员的欢迎。驻岛人员都是军人，穿着迷彩服的站长带着两男两女从东岸乘吉普车赶来，对我们的到来表示欢迎，同时他们有四人将搭乘考察船返回挪威本土。在扬马延岛上有一条环岛公路，可供岛上人员来往执勤和科学考察之用。

在扬马延岛上建有一个常年综合观测站，观测人员来自挪威极地研究所。2010 年，扬马延岛被挪威政府划定为自然保护区。保护区的管理权归属于挪威国防军，驻岛人员每六个月轮换一次。驻岛军人除了常规巡逻外，还要协助在扬马延岛综合观测站值班的科学研究人员从事必要的辅助性工作。除了驻军和十几名驻站科学研究人员外，还有 50 多名常年生活在岛上的居民。通过他们的介绍，我们得知扬马延岛南北长 56 千米，东西宽 14 千米，面积为 372.5 平方千米，是一个由火山喷发形成的岛屿，最高山峰是海拔 2277 米的贝伦火山。在这座高山上有一条冰帽冰川。这个海拔高度在我国并不算高，可是对于只有几百平方千米的扬马延岛而言，就算是极高山地。高耸嶙峋的山地将来自北大西洋的水汽阻挡在这里，形成了非常充沛的降水。据长年观测得知，扬马延岛年平均降水量为 735 毫米，与我国许多湿润地区的降水量相差无几。我国南方多数湿润地方的年降水量都不足 1000 毫米，成都的年降水量为 900 毫米左右，号称"西藏江南"的林芝年平均降水量也不到 700 毫米。扬马延岛有如此大的降水量，对于岛上冰川的形成发育以及土壤的演化、动植物的生长都有非常积极的意义。

扬马延岛是一个由火山喷发形成的岛屿，目前仍处于活跃期，是地球最北端的活火山地区，地震频发，不过多是 4 级以下的小震，最近一次较大的地震发生在 2012 年，达到里氏 6.0 级。扬马延岛的面积具有可塑性，随时都在发生变化，这是活火山岛屿的最大特点。因此，岛上的综合观测站有一项重要的任务就是要定期观测扬马延岛的形态、大小和面积的变化。扬马延岛还是挪威北极地区海鸟类科学研究的主要区域。也许由于火山地热产生的热量使然，扬马延岛周围海域的鱼类资源非常丰富，从而吸引了众多的鸟类来此栖息繁衍，使这里成了许多北极鸟类的天堂。科学家将这些以海洋生物为主食，生活栖息在海岛或者海岛崖壁上的鸟类称为海鸟。在扬马延岛上，管鼻燕、海鸥、海鸽、海鹦鹉等鸟类的种群数量最为丰富。

扬马延岛有不少的苔藓、地衣和垫状植物分布生长。我们登陆的地方植被相对稀少，一眼望去，整个山岩和地面呈现红红的颜色，好像到了月球，这是火山喷发所为。在我们登陆的滩头有一排废弃的木板房，房前的石碛地上还遗留着不少鲸鱼骨架，那是当年捕鲸者留下的遗迹。不远处还散落着从北美洲漂来的圆木。由于地球的自转加上北美洲、欧洲以及冰岛、格陵兰岛形成的特殊地形，北大西洋在墨西哥暖流的鼓动下，长年累月地将南部的海水向北冰洋方向涌动，使得北欧甚至北极圈内许多地方冬季并不太冷，港口不冻结，本该凝结海冰的地方常年蓝色汪洋，气候也并非想象的那般凛冽料峭。都说北大西洋是北半球一条从亚热带到北冰洋的天然传输带，那些在北美洲倒下的树木也在不知不觉中漂洋过海来到北冰洋的滩涂上。

北极捕鲸遗迹——鲸鱼骨

雨夹雪仍在不停地飘洒，纷纷扬扬，雪片刚刚落在身上就融化罄尽，将衣服淋得湿漉漉的，照相机的镜头不时哈满了雾气，每照几张就得用擦拭布将雾气擦掉。便携式气温表告诉我，当天的气温为4℃。虽然雨雪下个不停，可是地上并不泥泞，因为火山石的透水性能非常好，地表径流随即通过火山碎石堆积的地面流向了大海。

我在刘结等人的陪同下，沿着一条简易的步行道快速向后山走去。据站长介绍，那里有群居的海鹦鹉。

海鹦鹉是冰岛的国鸟，外形非常美丽。我之所以对这种鸟感兴趣，是因为它们不仅是冰岛的国鸟，而且还有很多

北极海鹦鹉

奇特之处。首先，它们的色泽十分迷人：金黄带吻线的喙，高高的鼻梁，略带橘色眉纹的三角形眼睛，一双橙黄色的蹼，白色的腹毛，黑中带白点的背羽，灰色的脸颊；其次，它们的长相也很奇特：鹦鹉一样的喙和鼻梁，鹅一样的蹼，展翅飞翔时像鹰，站立时又有几分像企鹅。都说南极有企鹅没有北极熊，北极有北极熊而无企鹅，而我却发现北极地区的海鹦鹉和南极的企鹅有几分相似。

皇天不负有心人。转过一道小山梁，果然看见一群海鸟正在地上觅食，刘结轻轻地说道："张老师，那就是海鹦鹉。"只是雨雪中能见度很低，好在镜头上暂时没有雾气，抓紧时机，终于拍摄到了海鹦鹉。

回到船上，我打开照相机，将拍摄到的图片放大再放大，仔细研究每张图片，观察海鹦鹉的每一个细节，寻找它与企鹅的相似之处。单就头部而言，它和企鹅一点儿关系也没有。再从蹼来看，它们应该是鸭和鹅的近亲。可是这些长相奇特的海鹦鹉却能展翅飞翔，和海燕、鹰一样能自由自在地在空中翱翔；也可以和企鹅一样，一头扎进海水里，利用长长的喙，一次就可以捕获十来条小鱼。

扬马延岛与挪威本土相距800千米，孤悬在北冰洋上，长期以来一直是一个无人荒岛。1614年，扬马延岛被荷兰船长梅伊（Jan Mayen）发现，并

浮在水面上的北极海鸟

将该岛以自己的名字命名。在1882—1883年的第一个国际极地年中，奥地利派出科研人员在岛上建立气象站，进行相关的资料收集，这是扬马延岛有史以来第一次有人进行常年连续科学考察。1921年，挪威派人在岛上建立气象观测站和无线电台，1929年挪威宣布该岛为挪威所有。1958年，北大西洋公约组织成员国开始在岛上建造简易机场和航海站，1970年又在简易机场的基础上建成控制站。由于挪威政府的坚守，扬马延岛上至今没有永久性的居民。扬马延岛综合观测站的朋友告诉我们，挪威政府会将观测站的科学研究进行下去，尽管有很多困难，但他们愿意坚守，因为这是他们的国土！还有，岛上的常年观测资料不仅有利于挪威本国和北极地区的科学研究，也有利于北大西洋和北冰洋的国际航行安全。刘结告诉我，截至当年，包括挪威每年负责上岛观测和巡查的工作人员，到过扬马延岛的总人数不过2000人，我们是登上扬马延岛的第一批中国人。

扬马延岛是对北冰洋和北极地区进行科学研究的好地方。如果有可能，我国科学家和挪威科学家可以通过两国政府协议，互派人员，对北极和青藏高原进行合作对比研究，尤其是冰川环境领域的合作对比交流研究，是很有意义、很有价值的事情。

和北极其他地方相比，扬马延岛也是比较年轻的岛屿，举目望去，除了火山遗留下来的松散堆积物外，很少有泥土发育分布，风化程度并不高，这足以说明该岛的历史不是太久。除了寒冻风化和很少的生物风化外，海鸟的聚居，将是岛内土壤形成的重要条件。鸟类的大量聚居繁衍，将大量的海洋生物中的有机质通过诸如鱼类等食物和粪便等排泄物遗留在岛上，久而久之，就会增加岛上地表中的腐殖质，这会奠定岛上土壤形成的重要有机物质基础。据说扬马延岛上的观测人员就鸟类观测设置了许多观测样方，每年至少对样方观测 4～5 次，包括鸟类的种群数量、迁徙时间以及鸟类的繁殖率观测等等。为了保证观测数据的科学准确，研究人员还抓捕样鸟，进行编号，给它们戴上配有信息传感回收系统的环，然后放飞，定期接收样鸟的飞行、回归、栖息、筑巢、生蛋、孵化等一系列信息。

给野生动物套环编号，相当于给它们发放具有特殊信息密码的"身份证"。目前我国对野生环境中的大熊猫观测正是采取这种信息回收方法，以获取更多有效的科学数据，从而更好地保护环境，保护大熊猫，扩大大熊猫的种群数量，让这一珍稀物种能和其他物种一样在自然环境中得以延续。

再访北极科学城

经过一夜的航行，次日（7月20日）早晨起床，我到甲板上一看，还是雾锁海面，雨雪纷纷，能见度只有30米，船行速度为13.3节，舱外气温为 $-0.5℃$，船行非常平稳，风浪不大。船上的公告栏显示，我们已经驶入北纬73°了。上午将安排大家参观船长室，参观船长室内各种各样的仪表器械，了解船长和大副们是如何驾驶这艘排水量为11647吨的庞然大物的。在船长室，船长还给大家讲述了有关"前进号"邮轮的故事。

"前进号"游弋在北冰洋上

　　"前进号"邮轮是为了纪念挪威著名的航海探险家南森而命名。1893
年6月24日，南森驾驶着一艘名为"前进号"的三桅探险帆船进入北极海
冰区，试图进入北极极点区域探险。但是由于海冰的阻隔，南森未能如愿。
历经三年的坎坷，南森和"前进号"终于安全返回挪威。挪威举国欢庆，南
森被誉为国家英雄。

　　傍晚8时，从船上的信息栏得知，我们已经航行在北纬75° 19'、东经
00° 24.7'的北冰洋，也就是说，我们已经结束了西半球的航段，进入了东半球。

　　从冰岛出发后，一路上都是阴雨天，雨雪交加，除了在扬马延岛冒雨
考察外，大部分时间都是"坐看云起，笑看花落"，不过那花是雪花，是飘
飘洒洒的北极雪花。

　　在南极内陆，每当下雪也是纷纷扬扬、飘飘洒洒，那降落在冰盖上的
雪花，都会保持雪花在空中结晶时的状态，有片状的，有柱状的，有枝状
的……无论外表是什么形态，但是在显微镜下它们一定会呈现出六方晶系的
晶体格架。可是在北极，尤其是在北冰洋，落在海里的雪花就不说了，落在
甲板上、衣服上的雪花，多半是随降随化，即使是暂时不融化的雪片，也早
已失去了原生性，因为雪晶要保持它们的原生晶体结构，必须保证降落地的
气温和结晶时一样的低温才行。南极内陆和格陵兰岛内陆都可以达到这样的
条件，但是在北冰洋上有海水的环境，在极昼的天气里，从空中落下的雪花
还未降到地面或者海面，就会被温暖的空气（相对结晶时而言）热变质而发
生圆化，甚至被融化，要想观察到美丽的"六出"雪花是相当困难的。我用
随身携带的显微镜试着在甲板上采样观测北极北冰洋上的雪花，竟然一次也
没有成功，因为刚将雪花接到显微镜上它就融化了。

　　西汉文帝时，诗人韩婴在《韩诗外传》里明确写道："凡草木花多五出，
雪花独六出"；北周诗人庾信在《郊行值雪》诗中写道："雪花开六出，冰
珠映九光"等等。所谓"雪花独六出"之"六出"就是对雪晶的六方晶系晶

北极冰原和山谷冰川

架结构的定性和定量描述。这让我想到一个问题，早在 2000 年前他们究竟是通过什么方法观测到雪花的原生晶体是六方晶系结构的呢？难道仅仅是通过目测吗？

此时，隐藏在云层之上的太阳终于露出了一丝笑容，能见度稍微大了一点，但是甲板上的气温还是比较低，晚饭后我到甲板上小转了一会儿，不少朋友又询问了一些有关北极、南极和青藏高原的问题，我都竭尽所能地一一做了回答。其中有个问题很有意思，那就是，如果有一天青藏高原重新陆沉海底，北冰洋会不会受到影响？我的回答是肯定的。只是要强调的是，那个过程应该是非常遥远的将来时，而且并非我们人类所能遇到的事件。但是从科学的角度来看，海陆变迁从来就没有停止过，要不然侏罗纪、白垩纪的恐龙是如何被压在深深的地层中的呢？北极的煤层又是如何形成的呢？北极的植物化石是从哪里来的呢？

我们将再次访问北极斯瓦尔巴群岛和那里的北极科学城，那里发现的大量植物化石和煤炭储藏量就是解开此秘密的钥匙。

7月21日一早醒来，我朝窗外望去，只见不远处有冰川雪山时隐时现。常识告诉我，我们距离北极斯瓦尔巴群岛不远啦。到四层会议厅信息公示栏一看，果然邮轮已经越过北纬77° 22.4'、东经5° 42.5' 了。预计下午三点半即可抵达东半球北极第一站：斯瓦尔巴群岛的著名国际科学研究基地——新奥勒松科学城。

早在2002年，中国科学探险协会在刘东生院士、叶笃正院士、孙鸿烈院士等著名科学家的建议和指导下，在副会长高登义教授率领下，组队首赴北极斯瓦尔巴群岛的朗伊尔城建立了中国的第一个北极科学考察站——中国伊力特·沐林北极科学探险考察站。当时，作为冰川与环境科学研究工作者和中国科学探险协会常务理事，我应邀参加了此次北极建站科学探险考察。

在当年的考察中，在挪威一家煤炭公司的帮助下我们曾经访问过新奥勒松，那时还没有像样的码头，只有一个不大的飞机场可以起降小型飞机。我们是乘坐煤矿公司派出的小型螺旋桨飞机飞到那里考察的。

新奥勒松的中国北极黄河站建于2004年，是由我国政府投资、由国家极地考察办公室负责筹建的，虽然比在朗伊尔城建立的科学探险考察站晚了两年，但那是我国在北极地区建立的长期性科学考察站，是我国科学家在北极科学研究和科学探险考察的根据地，也是继挪威、日本、德国、英国、法国、意大利、美国和韩国之后建立的第九个长期科学研究站。

下午3时35分，"前进号"抵达北纬78° 55'、东经11° 57' 的海域，我们终于抵达斯瓦尔巴群岛西海岸了。只见海面平静如镜，几只跃出海面的海豚，引起了大家的注意，但是要拍到它们那流线型可爱的身影可不是件容易的事情。不少的海鸥在邮轮的两侧和上空展翅翻飞，有的在海面上悠然地滑行，好像在展示它们特有的轻功，身后留下了一串一串美丽的涟漪，在柔弱的阳光点缀下，那涟漪泛着铂金一样的光泽。所有这一切都像在热情地欢迎

海鸟在北冰洋上荡起美丽的涟漪

我们的到来。

斯瓦尔巴群岛，这个"停靠"在北冰洋上永不沉没的巨型"航空母舰"，千百年来，不知道经历了多少北极风霜雨雪的严酷考验，却始终岿然不动，形成了北冰洋环岛链上非常重要的节点。

经过联系，直到下午6时，"前进号"才安全地停靠在新建成的新奥勒松科学城的深水码头。

按照相关国际法规，目前斯瓦尔巴群岛属于挪威管辖，包括4海里范围内的领海权水域面积。斯瓦尔巴群岛位于北纬74°—81°、东经10°—35°之间，面积为63000平方千米，其中50%以上的地方属于受法律保护的国

北极科学城的深水码头

186

家公园、自然资源保护地和鸟类栖息保护地。根据《斯瓦尔巴条约》，包括挪威和中国在内的条约签约国享有在该岛上科研、考察、居住、旅游等多种平等的权利和义务。

新奥勒松地处斯瓦尔巴群岛的主岛西斯匹次卑尔根岛西海岸的滨海阶地上，一面临海，三面背山，它和朗伊尔城一样属于斯瓦尔巴群岛上有人类居住的科学文化核心区域之一。不远处的国王冰川气势磅礴，恰似银河蜿蜒入海，山上一年四季冰川四溢。曾几何时，附近的冰川一度延伸至北冰洋里，滨海阶地上的冰碛物就是明证。

和 2002 年相比，新奥勒松的建筑物明显地增加了。一条笔直的大道从码头直达科学城腹地，那里有著名的挪威探险家阿蒙森雕像，有挪威政府设在科学城的管理中心办公室。阿蒙森的青铜雕像依然是那么雄伟静穆；不远

位于斯瓦尔巴群岛的新奥勒松北极科学城

北冰洋和北极冰川

作者和中国黄河站站长李果在黄河站门口

处的北极邮局，也是北半球最北的邮局，总是吸引着集邮者的眼球；大道右侧是几排一楼一底（底铺）的客栈，当然也是地球最北端的宾馆。要说最大的变化，当然是这里终于有了我国的黄河站了。过了阿蒙森雕像，左侧不远处有一幢红色建筑物，门前矗立着一对石狮子，那就是我国的黄河站。按照挪威有关国家公园和自然保护条例，凡是到斯瓦尔巴群岛建立科学站、开酒店、开商场，图纸可以根据投资人的意见设计提供，但是必须由挪威方面统一施工建造，竣工后交付投资者使用。黄河站的站房也不例外。

新奥勒松码头所在的滨海阶地至少有两级，最高处的高度大约有3米，阶地有明显的浪蚀作用和古海面侵蚀痕迹。其实，这应该是一个非常好的科

188

学研究内容。不知道在北极的黄河站有没有人在做滨海阶地的研究内容。

可别小看这些阶地和阶地上的堆积物，它们应该是距今一万多年前冰川后退时遗留在此的堆积物。它们和北极地区的冰川演替历史、北冰洋海平面的历史变化、海冰的历史变化、斯瓦尔巴群岛上的生态环境和气候的历史变化等等都有着千丝万缕的联系。

由于新奥勒松的滨海阶地和附近的滩涂地，早在一万多年前就退出了冰封雪冻的冰冻圈，成了北极冰雪王国中的一方绿岛，加之这里距离北极点仅有 1750 千米，遂成为科学探险家们寻找北极点的最佳出发地。当年阿蒙森正是从这里出发，驾驶着一艘飞艇越过茫茫的北冰洋海冰区驶向北极点的。

一大群灰雁正在湿地上觅食，它们已经适应了人来人往的环境，就像新奥勒松的北极狐一样，它们和人类已经彼此认可。

在码头旁边的海滩上，一堆堆巨型海带散发着北冰洋海水特有的盐碱味。在 2002 年北极考察时，我们在朗伊尔城附近打捞过北极海带作为蔬菜的补给品。北极的海带是没有污染的海产品。

在黄河站右侧空地上，我发现了几株开放得非常美丽的小花，像是报春一类的垫状植物，红色花瓣显示着北极地区生命力的坚韧与顽强。我正陷入沉思，随团的上海东方卫视记者徐蓉早已和同伴将镜头对准了我，要对我就北极话题进行采访。

我倒没有被这猝不及防的要求难倒，面对记者的提问我沉着应对，

新奥勒松地区的海带

作者在接受东方卫视采访

将一些科学问题用科普的方式讲得头头是道。

在采访中，我着重谈到北极和北冰洋对于地球、对于人类的关系，谈到北极和北冰洋的过去，以及现在的冰川和环境保护，也谈到北极和北冰洋的演替趋势，在谈到目前地球气候日益变暖时，我呼吁人类必须大幅度削减现代化进程中向地球和环境的过度索取，同时认为，科学家是有能力找出气候变暖的真正原因，在未来的发展中，我们一定有办法能让环境更加美好，让空气更加纯净，让天空更加湛蓝，让北极更加冰清玉洁！

后来徐蓉女士将制作好的影像资料拷贝寄给我一份，并告诉我，此次采访在上海东方卫视播放后反响不错。

穿越北纬 80°

CHUANYUE BEIWEI 80°

7月21日入夜11时，结束了对新奥勒松的考察，我们返回到"前进号"邮轮，沿着斯瓦尔巴群岛西海岸，朝着北方继续前进。

北极的夜晚亮如白昼，要是天气晴朗，太阳从早到晚一直在头顶上盘旋着。邮轮的航速明显加快，达到14.4节。大概是靠近陆地的缘故，除了轮船发动机隐隐约约的声音和船尾被犁开的翻动着白色浪花的水道，洋面上波澜不惊，海天

洋面上反射的光斑犹如碎银

美丽的北极景色

一色。在船的右侧偶尔可以看见一些冰川雪山和倒映在海水中那延绵逶迤的影子。阳光洒在冰川上，洒在海面上，闪耀着碎银一样的光斑。看着醉人的美景，我们愉悦得眼睛湿润了，屏住了呼吸，甚至忘记了按动照相机的快门！有的朋友则用长焦镜头不停地在海面上寻觅着鲸鱼和海豚，在那冰海相连的地方寻觅着北极熊的踪影。

次日凌晨，我们进入北纬 79° 10'、东经 11° 7.7' 的海面，不久就可以穿越北纬 80°，登上西斯匹次卑尔根岛西北角地国家公园中的穆莎姆纳岛和姆芬岛。

在斯瓦尔巴群岛上有三个国家公园，除了西斯匹次卑尔根西北角地国家公园外，还有位于东部海域中的卡尔王岛国家公园、位于西斯匹次卑尔根南部的南斯匹次卑尔根国家公园。

西北角地国家公园是斯瓦尔巴群岛上北极熊和北极鸟类的主要栖息地之一，也是可以近距离在海面上直接观察冰川活动的最佳地。在北纬

79°48.8'、东经14°1.1'的地方有一条运动速度非常快的冰川——摩纳哥冰川,冰川末端宽 7 ~ 8 千米,一道陡峭的冰壁直插海面,不时有崩塌的冰山跌入海中,掀起阵阵狂澜,将试图靠近的橡皮舟抛向浪尖随后又跌入波谷,狂澜掀起的寒风扑面而来,细碎的冰碴随风飘洒到脸上手上,让人感到刺骨的惬意。有意思的是,每次冰崩后都有一群海鸟像听到号令似的,快速地飞到海浪未平的区域捕捉海鱼,大快朵颐后就近飞上大大小小的冰山,又等着下一次冰崩的发生。

从冰川运动学的观点看,冰川末端的冰崩,实际上就是冰川快速运动所致。巨大的来冰量迫使冰川末端向前推进,然而末端就是深深的海洋,失

北极冰川和冰山

北极冰川和冰山上的北极海雀构成了美妙的画面

去支撑的冰体在海水的顶托浪涌下，加快了崩塌的速度和频率。在没有更好更有效的观测手段时，冰川末端有无崩塌现象是判断冰川运动状态是否活跃最简单易行的方法。

虽然都是冰山，形成的原理也大同小异，但是和南极冰盖、格陵兰冰盖末端跌入海面的冰山相比，其规模的确是有天壤之别的！

在冰崩频仍的地方之所以有许多海鸟趋之若鹜，原来是环境在起作用。

冰川入海处是海水中淡水补给最充足的地方，那些喜欢淡海水的鱼类自然会聚集在这一带繁衍生息。可是此处冰崩频仍，每次冰崩过后总会有一些鱼儿被震得晕头转向，于是蜂拥而至的海鸟们就可以轻而易举地大饱口福啦。

在西北角地国家公园内，距离摩纳哥冰川不远还有一个海雀聚集的地方，那就是位于北纬79° 30'的鸟语岛。在鸟语岛上也发育着大面积的冰川，冰川融水将山崖冲出一道道柱状沟壑，大地构造和节理风化又将山崖雕塑成

北冰洋中数量可观的海雀

具有不少层叠凸起和凹陷的龛状地貌地形，这恰巧成了海雀定居的理想"天堂"。由于冰崩频仍和冰川融水的补充，吸引着附近海域中喜欢淡水的鱼类聚集在这里，从而成为鸟儿们取之不尽的食物；而那些陡峭的山崖让喜欢偷猎鸟儿和鸟蛋的北极狐、北极狼们望而却步。久而久之，那层层叠叠的山崖便成了海雀们最安全、最惬意的家园。

在南极的南乔治亚岛上，我曾经考察过数量多达 600 万只帝企鹅的聚居地。虽然北极没有企鹅，可是却有数量众多的海雀。在北极的鸟语岛上，我们见到的海雀数量也很壮观。它们或安静地在崖龛上歇

在鸟语岛云集的海雀

在鸟语岛上海雀聚集的龛状山崖

北极的冰融水是海雀的天堂

息着；或成群结队地在崖边、在海面上自由自在地盘旋着；或一个猛子插进海水，像变魔术似的叼起一条鱼儿来，鱼儿的尾巴还随着鸟儿的飞舞在作最后的挣扎呢。海雀一般都不会直接将鱼吞进自己的肚内，而是将"猎物"送回巢中，去哺育它们的小宝贝。

在北极地区主要有海鹦鹉、海鸦、海鸠和刀嘴海雀等，尤其以海鹦鹉居多，大多生活在挪威北部海域。在冰岛一带的海岛上，也有海雀分布，其中威斯特曼纳岛就栖息着世界上最大的海雀群体，最多时数量达到几百万只以上。

海雀的长相、食性和生活习性都与南极的企鹅差不多。比如北极地区的海鹦鹉，虽然个头只有 30 厘米，但是它们也有黑色的背羽、白色的腹毛、红色的喙、短短的尾巴、小小的翅膀；海雀们以鱼类和甲壳类软体动物为主要食物；大多数海雀一上岸就像企鹅一样直立行走，也和企鹅一样在岩石滩上用细碎的石头筑巢孵化小海雀。它们之间最大的差别是海雀为了逃避北极狼、北极狐等食肉动物的偷猎，还保留了飞翔的技能。

在穿越北纬 80° 前，有一个地方不得不去，那就是位于北纬 79° 20' 的"新伦敦岛"。这里不仅有冰川，还有古冰蚀湖泊、巨型古冰川漂砾。在大家登岛之前，船上人员已经提前在登陆地一座一百多年前探险家留下的小木屋前，为大家准备了浓香的咖啡和甜点。饮过咖啡后，刚才乘坐橡皮舟时的

寒气一扫而光，我们精神饱满地向山
坡上爬去，发现一些北极罂粟、虎耳
草和苔藓类植物正顽强地从冰碛物中
长出来，给这荒芜的岛屿增添了无尽
的生命力。我们穿过一个古冰川侵蚀
湖，向上继续攀爬着，不知不觉，一
个多小时过去了，大家都有些疲惫，
一些同伴正想打退堂鼓呢，我却被前

北极早年探险家居住的木屋

方几块异样的石头吸引住了。我快步来到那些"石头"前，啊，原来是化石，
硅化木树化石！这真是一个意外收获！我用随身携带的卷尺量了量，最大的
一块直径为 70 多厘米，最长的一块长度为 5 米！有的深嵌在岩层之中，有
的被风化露出地表，有的断成几节，有的整体保存完好。几位同伴听说我发
现了硅化木树化石，也来了精神，纷纷对着这些宝贝拼命地拍照。我开玩笑
地说，看来登山前的咖啡起作用啦！"哪里啊，是张教授发现的硅化木树化
石给我们注入了新的活力！"

"张教授，请问这些硅化木树化石是怎样形成的？"

我稍稍调整了一下呼吸，就我所掌握的有关化石形成的原理给围在周
围的同伴做了一次现场科普宣传。

硅化木树化石和其他的动植物化石一样，都是由于地壳发生了翻天覆
地的地质大构造形成的产物。在地球的中生代，宝石蓝的海洋中游鱼可鉴；
蔚蓝色的天空下，茫茫无际的原始森林里各种各样的动物成群结队；恐龙们
在森林间的草地上大步流星地散步，不时发出震耳欲聋的嘶鸣声。突然，地
动山摇，海水仿佛疯了似的卷起巨浪，先是冲天而起，继而又像天漏一样漫
灌到陆地上，漫灌到森林里，漫灌到草地上……恐龙和所有的动物来不及反
应，就被接踵而来的岩石、砂浆和泥流层层叠叠地压盖在深深的地层中。再

北极硅化木树化石

后来，由于地层的压力增加了各种动植物机体的密实化程度，加上地球内部的地热使得那些动植物躯体在相对封闭的环境中渐渐地发生了某种化学的、物理的变化过程。在这种变化过程中，有的被碳化变成了煤层，有的则被石化变成了化石……

"可是，北极天寒地冻，几乎寸草不生，难道在远古的时候这里也有原始森林不成？"

对呀，当时斯瓦尔巴群岛所在的大陆上，的的确确生长着大片大片的原始森林，要不然，这些硅化木树化石从何而来呢？斯瓦尔巴群岛上那丰富的优质煤炭资源从何而来呢？还有朗伊尔1号冰川上的树叶化石，尤其是那么多阔叶化石又是从何而来呢？只是当时的斯瓦尔巴群岛所在的地理位置和现在大相径庭，有可能地处南方的亚热带或者热带，后来在大陆漂移中，斯瓦尔巴群岛"漂"到了现在北极的北冰洋中，最终定居在目前的位置。

在前往穆莎姆纳岛途中经过一个小岛时，终于发现岛上有一只孤独的北极熊正在踽踽独行，岛上石碛遍地，稀稀拉拉地生长着一些北极熊不感兴趣的垫状植物，四周的海面上既无海冰分布，也无北极熊要寻觅的海豹、海狮们的身影。如果在水中，北极熊要想捕猎到海豹、海狮的可能性几乎为零，因为从游泳的速度和潜水的时间来说，北极熊都不是它们的对手。只有当海豹们在海冰上玩得忘情的时候，或者在隆起的海冰洞穴里休息时，北极熊凭借特殊的嗅觉和飞快的奔跑速度才能捕获猎物。我们为那只可怜的北极熊担忧，它一时半会怕是找不到足够的食物，也许窝里还有小宝宝在嗷嗷待哺呢。气候变暖致使北冰洋的海冰大面积减少，饥饿的北极熊不得不转而去海边和海鸟们抢夺鱼类为食。

在另一座小岛上，有几百头海象正卧在海边懒洋洋地享受着北极柔柔的阳光，公海象伸出一对尖利的牙齿，好像在向天敌们示威：千万不要来打我们的主意！海象的最大天敌就是北极之王北极熊啦。但是北极熊要想捕猎到一头成年海象又谈何容易！且不说海象那一对尖利的长齿，光是那厚厚的海象皮也让北极熊难以下口。除非是刚刚出生的小海象，如果让北极熊逮着机会那就惨啦，北极熊会以最快的速度将小海象拖到大海象无法救援的地方，慢慢地享受那难得的大餐。为了保护小海象，群居的海象总会将刚出生的小海象围在海象群中，让蠢蠢欲动的北极熊难以找到机会。

穆莎姆纳岛到啦，在那里我们看见了随着北大西洋洋流漂来的大片原木，在空气充足的环境中，这些原木当然不会变成化石的，随着岁月的流失，它们会渐渐被风化腐朽。只是由于北极气温低，缺乏微生物，这些木材会更持久地保存下去。

北极小岛上的海象群

北极漂木是从遥远的北美洲随着北大西洋洋流漂来的

　　一些保存完好的小木屋以及当年捕鲸用的三角形支撑木架、起吊滑轮和高位储物楼等设施，见证着早年频繁的人类活动。在漂木滩的海滨，我们发现了锈迹斑斑的铸铁圆形物，直径有五六十厘米，顶部有颈盖，可能是二战时期未被引爆的水雷。据说二战时，德国海军和英国海军在扬马延岛附近的大西洋有过激烈的海战，这种型号的水雷应该是当时布防在那里的。后来在大西洋这条洋流传输带的运输下最终漂到了北纬80°的穆莎姆纳岛的滨海滩涂上。

可以防御北极熊攻击的北极小木屋

　　水雷的引爆方式有压力型、音响型、磁感应型和撞击型等。我们在穆莎姆纳岛上见到的过期水雷不知道属于哪种类型。据同行的考察队员说，这种水雷由于年代太久远了，而且经过漫长的海浪击打，早就失效了，应该没有什么危险。

除了漂木和水雷外，在穆莎姆纳岛上还有许多典型的北极冰缘冻土地貌景观，比如多边形土和石条、石带等，还有冰川退却后大片冰碛滩涂地。

7月22日晚上11时，我们抵达姆芬岛附近的北冰洋海面——斯瓦尔巴群岛西北角地公园著名的马格达莱峡湾，这里的地理位置是北纬80° 14'28.4"，这是我赴北极科学探险考察到达的纬度最北的地方。站在船上向峡湾望去，在一片宽阔的海域右侧，一条微微凸起的岩石带浮现在海面上，右端与峡湾的右岸相连，左端则淹没在峡湾的海面中——这是一处古冰川鲸背岩遗迹。只是这处鲸背岩足足有3000米长，在那"鲸鱼"的背脊上，还可以看到当年古冰川流过时遗弃的漂砾石碛，这算得上一处巨型鲸背岩！

我们乘坐橡皮舟向姆芬岛驶去，发现在峡湾两侧至少有7条冰川从山谷中流出，在冰川末端临近海滨的阶地上形成一道道冰川终碛垄，其中四

在海滨发现的水雷

二战时期遗留的未引爆的水雷

北极石带、石条景观

条冰川末端已经伸向了海平面。可以想象，在若干万年前，这些如今退回到谷地中的冰川，在严寒的气候、丰富的降雪环境下，将那些山谷山坡填充得满满当当，然后以磅礴的气势汇聚合流，巨大的冰流溢出山谷，伸向海洋，并且占据着整个峡湾，宽阔的冰川舌一直延伸、超过刚刚看到的鲸背岩。推而广之，那时的北极和北冰洋又该是怎样的景象呢？都说冰川是气候的产物，冰川的大小、长短、厚薄和规模都与当时全球气候状况相适应。如果将气候比作一个人，那么冰川就是一个人的影子，如影随形，亦步亦趋。气候如何变化，冰川会在第一时间有所反应。如果气候变暖了，降水量又没有明显增加时，冰川一定会退缩变小，就如目前所有高寒地区的冰川状态一样；如果气候变冷了，降水量也没有明显地减少，那么冰川一定会变大变长，一些分布在各个相邻谷地中的冰川也许就会延伸出来，汇为一体，以气势更磅礴、规模更雄壮的阵势浩浩荡荡地向下游蜿蜒而去，就像马格达莱峡湾在第四纪冰期时的古冰川规模一样。

北极冰川退缩后形成的滨海滩涂地

在马格达莱峡湾两边的山坡雪蚀沟槽中，一些季节积雪从山顶一直覆盖到山脚，有的甚至延及海滨。这可是北极的夏天啊！要是这些季节积雪在 7 月中下旬还未消融，那就有可能继续保存到来年，再在漫漫冬夜积雪的夹持下，由季节积雪转化为多年性积雪。如果这些季节积雪连续多年都能够得以顺利度夏，年复一年，那么面积越来越大，积累越来越厚，说不定哪天这些积雪就会演变成了冰川。马格达莱峡湾附近的季节积雪在夏天未曾被消融殆尽的现象，至少预示着这一带小气候环境是有利于冰川积雪保存的，也就是说，气候变暖的趋势在北极、在北冰洋这一方土地上有所减缓。当然，要得出权威性的结论为时尚早，还需要经过长时间的科学考察和定量观测才行。

登上姆芬岛后，在科考队员的带领下，我们沿着一条弯弯曲曲的小道向海岛的纵深走去，时而有驯鹿的头骨和鹿角散落在路旁，时而有小木屋歪歪斜斜地矗立在岛脊的高处。那是当年探险者在姆芬岛上的住房，高处的位

北极马格达莱峡湾入口附近的巨型鲸背岩

置有利于观测北极熊的动向。不时可以看到一些柳叶菜和菊科小植物顽强地生长在积雪未完全融化的冰碛石缝中，几株北极牧草在冰川风的吹拂下摇曳着纤细的身姿。冷的冰川和相对较热的大气发生冰气热交换时形成的风叫作冰川风。冰川风属于冷风，迎面刮来时有明显的刺骨寒冷感。

　　大约步行了一小时，我们来到岛上一个冰川峡湾处，只见一条蓝莹莹

在北纬 80° 发现的又一处鲸背岩地貌

的冰川舌迎面而来，冰川末端直插海水中，海水也显得更加海蓝。再看那裂隙纵横的冰体，好像那冰川冰随时都有可能轰然倒下。这种现象并非没有发生过。2016年7月17日，在西藏阿里地区日土县东汝乡就发生了一次规模巨大的冰崩灾害事件。日土县的阿鲁错周边是一个现代冰川分布区。这天，其中一条冰川末端突然像脱缰的野马，以万钧雷霆之势向下游快速移动了

6000多米，下滑的冰体压倒了草场上的灌木，摧毁了几座放牧的帐篷后冲向阿鲁错，在湖面引起巨大的湖啸，狂风巨澜连带着湖水和冰块又将湖岸边的牧人帐篷刮倒淹没。在此次冰崩和冰崩造成的湖啸事故中，有9人不幸遇难，几百头牦牛失踪，大片草场被毁，冰崩坍塌的面积达10平方千米，冰体量大约为0.7亿立方米。

在南极和北极近距离观测有冰崩发生的冰川，是极为危险的事情。2014年7月15日，有人在格陵兰岛边缘近距离观测冰川时突发冰崩，冰崩引起的海啸连同冰崩冰块一起铺天盖地向橡皮舟卷来，幸亏舵手手疾眼快，迅疾驾船逃离现场，才没有造成人员伤亡。我在南极、北极以及西藏等冰川区域考察时也遇到过类似的情景，幸运的是没有遇到冰崩引起海啸或者湖啸伤人的事故。

面对姆芬岛上这条危机四伏的冰川陡壁和深不见底的峡湾，我还真有些惴惴不安。我告诫同行的朋友们，千万不要太靠近那座

北极 U 形谷中的冰川舌

随时可能发生冰崩的冰川

看似美丽其实暗藏巨大危机的陡峭冰壁，但是人们都存有侥幸心理，纷纷就近拍照取景，好在停留时间将到，这才恋恋不舍地撤离。

在当天的回程中还安排了在姆芬岛海水中游泳的项目，我本打算下水一试，完成在北极游泳的心愿。正跃跃欲试时，突然从背后传来一阵轰隆隆的巨响，随即一团白色水雾从天而降，飘飘洒洒，落在我的身上脸上，带着几许瘆人的寒意——原来是刚才那条冰川前端陡壁被不幸言中，发生了冰崩，那团带着冰碴的水雾正是冰崩卷起的海啸使然。我和船上负责警戒的船员告诉大家马上退到高处。在北极，每次登岛都有人手持步枪站在大家经过的沿线负责警戒，主要是防范北极熊可能造成的危险和伤害。大约过了一刻钟，只见一股巨浪从那个峡湾涌来，好在我们及时退到了高处，又过了十来分钟，海水渐渐平复，我们才沿着来时的路回到登岛处，乘着橡皮舟陆续返回到邮轮上。我为大家能够幸运地躲过冰崩海啸而庆幸，也为自己未能完成在北极游泳的心愿而遗憾。

此次的北极之行虽然考察的地方不多，但是给我留下的印象却很深。

图书在版编目（CIP）数据

四极探险．北极探险/张文敬著．—太原：希望出版社，
2018.6（2019.6重印）

ISBN 978-7-5379-7761-6

Ⅰ．①四…Ⅱ．①张…Ⅲ．①北极—探险—青少年读物
Ⅳ．①N8-49

中国版本图书馆CIP数据核字（2018）第092448号

四极探险
北极探险

张文敬　著

责任编辑	谢琛香
复　审	武志娟
终　审	杨建云
封面设计	王　蕾
责任印制	刘一新

出　　版：希望出版社　　　　　地　　址：山西省太原市建设南路21号
开　　本：720mm×1000mm　1/16　印　　刷：山西新华印业有限公司
印　　张：13　260千字　　　　版　　次：2018年6月第1版
标准书号：ISBN 978-7-5379-7761-6　印　　次：2019年6月第2次印刷
定　　价：38.00元

编辑热线　0351-4922240
发行热线　0351-4123120　4156603
印刷热线　0351-4120948